内蒙古自治区高等级公路建设施工标准化指南系列

内蒙古自治区高等级公路建设施工标准化指南

第三分册　路基工程

内蒙古自治区交通运输厅
交通运输部公路科学研究所　组织编写

人民交通出版社股份有限公司
China Communications Press Co.,Ltd.

内 容 提 要

本书为"内蒙古自治区高等级公路建设施工标准化指南系列"第三分册路基工程，编制目的是防治内蒙古自治区当前路基施工中常见的质量通病，明确施工工序和质量控制要点，规范高等级公路路基工程施工，提高管理水平，保证施工质量。本书汲取了内蒙古自治区高等级公路施工管理中的成功经验，同时借鉴了其他省区高等级公路工程管理的科学方法，系统地从施工准备，一般路基施工，特殊路基施工，防护与支挡工程，排水工程，改扩建工程路基施工，特殊季节路基施工，路基整修，路基重点工程监测与观测，取、弃土场等内容介绍了公路路基工程中的规范措施和管理方法。

本书适用于内蒙古自治区新建、改(扩)建高等级公路项目的路基工程，也可供内蒙古自治区公路工程各参建单位、参建人员使用。

图书在版编目(CIP)数据

内蒙古自治区高等级公路建设施工标准化指南. 第三分册，路基工程 / 内蒙古自治区交通运输厅，交通运输部公路科学研究所组织编写. — 北京 ：人民交通出版社股份有限公司，2016.1

(内蒙古自治区高等级公路建设施工标准化指南系列)

ISBN 978-7-114-12933-9

Ⅰ. ①内… Ⅱ. ①内… ②交… Ⅲ. ①等级公路—道路施工—标准化管理—内蒙古—指南②公路路基—路基工程—道路施工—标准化管理—内蒙古—指南 Ⅳ. ①U415.1-65

中国版本图书馆 CIP 数据核字(2016)第 075933 号

内蒙古自治区高等级公路建设施工标准化指南系列

Neimenggu Zizhiqu Gaodengji Gonglu Jianshe Shigong Biaozhunhua Zhinan Di-San Fence Luji Gongcheng

书　　名：内蒙古自治区高等级公路建设施工标准化指南　第三分册　路基工程

著 作 者：内蒙古自治区交通运输厅　交通运输部公路科学研究所

责任编辑：司昌静　周　凯

出版发行：人民交通出版社股份有限公司

地　　址：(100011)北京市朝阳区安定门外外馆斜街 3 号

网　　址：http：//www.ccpress.com.cn

销售电话：(010)59757973

总 经 销：人民交通出版社股份有限公司发行部

经　　销：各地新华书店

印　　刷：北京市密东印刷有限公司

开　　本：880×1230　1/16

印　　张：7.5

字　　数：157 千

版　　次：2016 年 1 月　第 1 版

印　　次：2016 年 1 月　第 1 次印刷

书　　号：ISBN 978-7-114-12933-9

定　　价：36.00 元

本册编写人员

主　　编：王　骁

副 主 编：李　江　李星亮

参编人员：周震宇　韩　磊　佘胜军　陈德智　姜云花　王　杰　傅燕峰　康新胜　吴立坚

前　　言

“十二五”期间，内蒙古自治区高等级公路建设事业取得了长足发展，“十三五”期间高等级公路建设任务依然十分繁重。为进一步规范公路建设项目施工管理，提高工程管理和技术水平，确保工程质量和施工安全，提升行业文明形象，同时响应交通运输部《关于开展高速公路施工标准化活动的通知》（交公路发〔2011〕70号）要求，并结合2011年推行的《内蒙古自治区高速和一级公路施工标准化管理指南（试行）》及内蒙古自治区高等级公路施工的实际情况，内蒙古自治区交通运输厅组织编写了《内蒙古自治区高等级公路建设施工标准化指南》（以下简称《指南》）。《指南》共十一分册，分别为：工地建设、工地试验室、路基工程、路面工程、桥梁工程、隧道工程、交通安全设施、房建工程、安全生产、环保、管理。

本《指南》主要依据国家、工程建设标准化协会、交通运输部及内蒙古自治区交通运输厅等工程建设主管部门发布的与公路工程建设相关的文件、标准、规范、规程、指南和行业内采取的成熟、先进的施工工艺及管理办法，以及内蒙古自治区高等级公路施工管理中的特点和先进经验编写而成。

本《指南》未提及的，请参照现行相关的标准、规范、规程、规定执行。

本分册为《指南》第三分册路基工程，汲取了内蒙古自治区高等级公路施工管理中的成功经验，同时借鉴了其他省区高等级公路工程管理的科学方法。本分册共有十一章内容，包括：总则，施工准备，一般路基施工，特殊路基施工，防护与支挡工程，排水工程，改扩建工程路基施工，特殊季节路基施工，路基整修，路基重点工程监测与观测，取、弃土场。本分册由内蒙古自治区交通运输厅、交通运输部公路科学研究所主编。由于编制时间和编制水平所限，书中如有不妥甚至错误之处，请广大读者不吝指正。

本《指南》可供内蒙古自治区公路工程各参建单位、参建人员使用。各盟市对其中有关的具体指标可根据实际情况进一步细化和强化要求，对未尽事宜应予以补充完善。各有关单位和从业人员在使用本分册时，如发现问题或提出改进意见，请函告内蒙古自治区交通运输厅（地址：呼和浩特市地质南街68号，邮编：010010，联系电话：0471-6968635，电子邮箱：bgs@nmjt.gov.cn）或交通运输部公路科学研究所（地址：北京市海淀区西土城路8号，邮编：100088，联系电话：010-62079067，电子邮箱：jiang.li@rioh.cn）。

内蒙古自治区交通运输厅

2015年11月

目　　录

1 总则

1.1 目的及意义

为防治内蒙古自治区当前路基施工中常见的质量通病，明确施工工序和质量控制要点，规范高等级公路路基工程施工，提高管理水平，保证施工质量安全，结合内蒙古自治区高等级公路路基施工的实际情况，制定本指南。

1.2 编制依据

(1)国家、交通运输部等工程建设主管部门颁布的与公路工程建设有关的文件、规范、规程、标准和指南。

(2)内蒙古自治区颁布施行的有关公路施工管理的规定。

(3)全国高等级公路成熟的建设经验和行业内经实践证明的先进的新材料、新技术、新工艺和管理办法。

1.3 适用范围

本指南适用于内蒙古自治区所有新建、改扩建高等级公路(本指南"高等级公路"是指高速公路、一级公路)项目的路基工程，其他等级公路(本指南"其他等级公路"是指二级及二级以下公路)可参照执行。

1.4 基本要求

(1)路基工程施工必须严格遵守国家和行业的安全生产法律、法规，积极改善施工条件，制订切实可行的施工方案和安全生产措施，确保施工人员的安全和作业人员的身体健康。

(2)路基工程施工必须符合国家环境和生态保护的规定。

(3)本指南附录C所列图均为示意图。

(4)在使用和执行本指南过程中，应严格执行现行的相关技术标准、规范、规程、规定；在应用过程中如有更新，应以最新发布的内容为准。本指南未提及的，请参照现行相关的技术标准、规范、规程、规定执行。

2　施工准备

2.1　一般规定

(1)建设单位应组织编写路基施工作业指导书。

(2)路基工程开工前,应在全面理解设计要求和设计交底的基础上,进行现场调查与核对。根据设计文件、施工合同要求和现场实际情况,编制实施性施工组织设计,按规定程序报批。

(3)合理安排施工时间,尽量避免夜间施工,如不得已在夜间施工,应报备相关部门。在施工组织设计中必须明确保证夜间施工质量与安全的技术与管理措施,并在施工中严格执行。

(4)设计文件初步形成后,设计单位应组织专业技术人员先进行内审,如发现问题进行再次修改完善;建设单位还应委托具有相关资质的专业机构进行咨询审查,并应对审查结果作出书面报告,最后根据审查意见做进一步的修改完善;在路基工程实施过程中,设计单位应按照合同规定派参与设计的主要技术人员现场驻点跟踪服务,实时检查现场路基施工与设计的一致性、施工工艺与设计要求的符合性、地质情况与勘测结果的吻合性,及时完善、优化设计,向建设单位提出书面建议,及时按照规定程序办理变更设计事宜;在过程中对建设单位、施工单位、监理单位在施工图会审中提出的问题和疑问应进行认真的研究,提出相应的解决办法,并以书面的形式进行答疑。

(5)监理单位应根据工程实际情况制订切实可行的监理工作大纲和具体的实施细则。对控制性工程均应制订专项质量、进度计划、安全控制措施。对特殊施工工艺、关键工序应制订监理旁站检测制度。

(6)施工单位进场后,应配合建设单位组织设计单位、监理单位和沿线的地方政府对涉及沿线厂矿企业、村组通行及农业生产的跨线桥、通道、涵洞等进行核查。核查排水系统设计是否完善、合理,以及排水结构物的基础高程和走向,使全线的构造物满足功能要求,确保工程完工后不影响地方的生产、生活。

(7)建设生活和工程用房,解决好通信、电力、水的供应;修建工程所需的临时便道、便桥、预制场地、拌和站等;确保施工设备、材料、生活用品的供应,满足正常施工需要,并能够确保原有道路、结构物及农田水利等设施的使用功能。

(8)施工单位应对各类施工班组、施工人员进行岗前培训和技术、安全培训,重点对电焊工、模板工、钢筋工等特殊工种进行岗前考核,并持证上岗。

(9)施工过程中,施工原始记录与施工工序必须同步,工程现场验收与施工资料签认同步,对隐蔽工程必须保留相关影像资料。

(10)各分项工程开工前,工程施工所需的各种材料、机械设备、人员须已到位,施工方案和开工报告已按规定批复。

(11)路基施工应做好临时排水总体设计,应与永久性排水设施相结合、与自然排水系统相协调。

(12)做好现场取、弃土场的位置选择。

(13)绿化工程应做到"三同步":与路基工程同步准备;与路基开挖同步实施;与路基工程同步完成。

2.2 技术准备

(1)承包人必须对建设单位提供的图纸及相关技术文件加强审查,有异议或建议的应及时以书面形式提出。

(2)熟悉和分析施工现场的地理、地形资料、施工图纸,编制施工测量总体控制技术方案;以书面形式,向现场技术员、施工队进行深入、全面的总体测量施工技术交底。

(3)对测量过程的安全环境因素进行识别评价,并制订相应的预防措施和紧急预案。

(4)路基工程承包人在正式开工前,需配备性能良好、精度满足要求、经过当地计量认证部门标定的试验检测仪器,并配备有足够的易损部件;试验仪器(含试验人员)必须通过建设单位(或授权监理单位)组织的实际操作(现场模拟试验)能力及理论知识的考核,达标后方可正式投入使用。

(5)按合同要求和施工计划安排组织人员进场,并满足工程实际需要。

(6)根据合同工期,合理安排路基专业施工队伍陆续进场,并根据工程需要专设测量组(队)、特殊路基处理、强夯、冲击碾压等专业施工队;编制(月、季、半年、年)劳务用工计划,确保特殊季节(农忙、节假日等)劳务人员数量。

2.3 测量放样

2.3.1 基本要求

(1)施工单位应在工程开工前将现场调查和核对结果通知监理工程师,此工作应在接管工地14d之内完成;根据施工单位提供的测设资料和测设标志经测量监理工程师复测无误后,在28d内将复测结果提交监理工程师。

(2)对有异议的导线点,承包人应及时报告监理工程师,由监理工程师确认最终解决办法;对有异议的水准点,承包人应向监理工程师提交一份列有勘误的高程修正表,由监理工程师核定正确高程。

(3)承包人应将施工中所有控制桩以及监理工程师认为对放样和检验有用的标志桩进行加固并保护,树立易于识别的标志。

(4)施工过程中,应保护好所有控制桩,并及时恢复被破坏的桩。

(5)控制点每半年至少应复测一次,季节性冻融地区在冻融后也应进行一次复测。

2.3.2　工艺流程

1)控制测量(图 2-1)

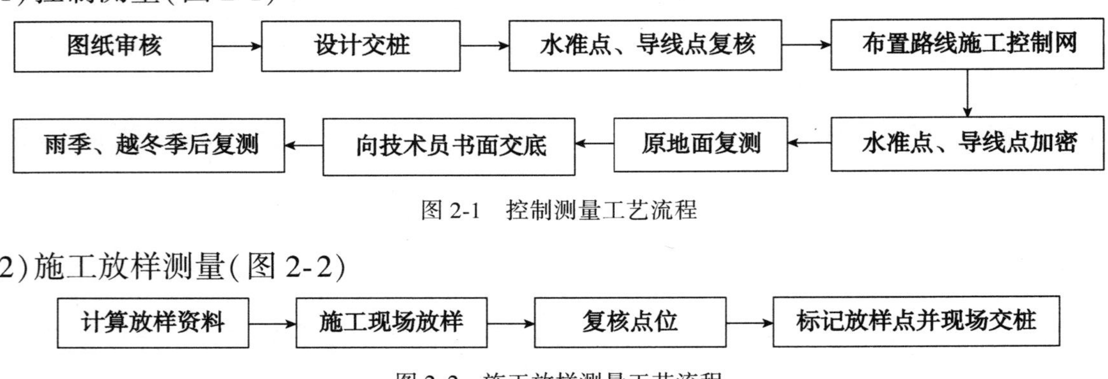

图 2-1　控制测量工艺流程

2)施工放样测量(图 2-2)

图 2-2　施工放样测量工艺流程

2.3.3　操作方法

1)图纸审核

根据设计图纸和技术交底对路基平纵断面逐桩高程、坐标、超高、加宽等进行复核,发现错误及时上报监理工程师处理。

2)设计交桩

项目开工前,在总工程师带领下,测量组参加由驻地监理工程师组织的交桩工作,并按监理工程师的要求,办理交接桩签认。接桩后,与桩址所在土地的建设单位办理桩址占地使用、桩志保护合同,清理桩址周围杂物,建立醒目桩位标志。

3)水准点、导线点等控制点复测和恢复定线

(1)开工前,应向监理提交复测开工报告(内容包括:测量人员和仪器配置,测量方案与计划安排)。复测开工报告批准后,应在测量监理工程师旁站下进行复测,根据复测结果对控制桩进行平差调整,复测成果上报监理工程师。另外,复测范围应延伸到相邻标段内 2 个点。

(2)复测内容:平面、高程控制点,路线中线、转角点,合同分段桩,重要结构的中心桩。

(3)恢复中线并固定线路主要控制桩。对于高速公路、一级公路,应采用坐标法恢复主要控制桩。恢复中线应与重要结构物中心、相邻施工段的中线闭合,发现问题及时查明原因,并上报现场监理工程师与建设单位。如发现原设计中线长度丈量错误或需局部改线时,应做断链处理,相应调整纵坡,并在设计图表相应位置注明断链距离和桩号。

(4)精度要求:导线起讫点应与设计单位测定结果比较,测量精度应满足设计要求,设计无规定时,应满足规范要求。

4)路线施工控制网布置

(1)一般采用平面二级三角控制网、四等水准控制网。

(2)在熟悉设计文件基础上,根据施工技术规范要求和施工需要,确定利用原设计控制网点加密或重新布设测量控制网点,建立施工控制测量网。

(3)测量方案应报监理工程师批准。控制网应每半年复核一次,并应经常检查巡视,如有移动、丢失,必须及时补测、补设。

(4)沿路线宜每500m设有一个水准点,相邻水准点间距不宜大于1km。在重要结构物附近、高填深挖、工程量集中及地形复杂地段,应增设符合一定精度要求的临时水准点,并与相邻路段水准点闭合。

(5)如发现个别水准点受施工影响,应将其移出影响范围之外;其高程应与原水准点闭合。

5)原地面复测

路基施工前,在完成路线控制网布设后,按照设计断面进行原地面复测,复测结果经工程部复核再上报监理工程师签认;向工点施工负责人、技术员现场交桩,并将桩位数据以书面形式签认。

6)施工放样

(1)按照施工组织设计的要求,进行便道、便桥、临建等临时工程的测量放样。

(2)临时用桩和施工用桩布设。

工点开工前,要在熟悉施工图的基础上,利用控制网点设置施工用桩。其主要有:

①路基中心桩、边桩。

②涵洞中心桩、出入口桩及十字线护桩。各工点的水准点桩,大工点不少于3个、小工点不少于2个。

③对设置的施工用桩,要注意保护,经常复核;如遇丢失、移动,及时补设。工点开工报告中,应用施工用桩设置内容。

(3)路基施工前,应根据恢复的路线中桩、设计图表、施工工艺和有关规定钉出路基用地界桩和路堤坡脚、路堑堑顶、边沟、护坡道、取土坑、弃土堆等具体位置桩。

(4)施工过程中,利用施工用桩进行施工放样测量:路基施工路段的中线、边线放样,各层高程测量;路面中边线放样,各层施工高程放样。

(5)在距路中心一定安全距离处设立控制桩,其间隔不宜大于50m。桩上标明桩号与路中心填挖高,用"+"表示填方,用"-"表示挖方。

(6)在放完边桩后,应进行边坡放样,特别是对深挖高填地段,每挖填5m应复测中线桩,测定其高程及宽度,以控制边坡大小。

(7)路基施工期间每半年至少应复测一次水准点,季节冻融地区,在冻融以后也应该进行复测。

(8)机械施工中,应在边桩处设立明显的填挖标志。

(9)施工中,宜在不大于200m的段落内,距中心桩一定距离处埋设能控制高程的控制桩,进行施工控制。

(10)取土坑放样时,应在坑的边缘设立明显标志,注明土场供应里程桩号及挖掘深度;作为排水用的取土坑,当挖至距坑底0.2~0.3m时,应按设计修正坑底纵坡。

(11)边沟、排水沟及截水沟进行放样时,宜先做成样板架检查,也可每隔10~20m在沟内外边缘钉木桩并注明里程及挖深。

7）成品检查

分项工程完工后，及时按照现行《公路工程质量检验评定标准　第一册　土建工程》（JTG F80/1—2004）要求的测量、检测项目进行检验，并在现场做好标记，检测结果及时上报工程部。

2.3.4　质量标准

（1）施工过程进行全面的测量放样、检查控制，并按照现行《公路路基施工技术规范》（JTG F10—2006）、《公路桥涵施工设计规范》（JTG/T F50—2011）和《公路工程质量检验评定标准　第一册　土建工程》（JTG F80/1—2004）的要求填写相应的质量检验记录表。要求放样准确，便于控制引用，易于保护，工作适当超前；经常指导现场测量；记录当天整理归档；交接有签认。

（2）成品检查及时准确，标记清楚。

（3）数据记录表应填写规范，数据清晰，计算准确，签字齐全，卷面整洁。一切原始观测值和记录项目在现场记录清楚，不得涂改，严禁凭记忆补记、补绘。记录中不得连环更改，不合格时必须重测。手簿必须填列页次，注明观测者、观测日期、起止时间、气象条件、使用仪器和觇标类型及编号，并详细记载观测时的特殊情况。凡划去的观测记录，应注明原因，予以保存，不得撕毁。

2.4　场地清理

2.4.1　基本要求

（1）施工单位应按设计文件进行用地界桩放样，确定路基施工界线，保护监理工程师指定所要保留的构造物。

（2）在原地表未被扰动之前，施工单位应重测地面高程及横断面，并将填挖方断面及土石方调配方案提交监理工程师审核。

（3）施工单位应按工程量大小，合理划分施工段落，清理和拆除工作完成后，应报请监理工程师验收。

2.4.2　地表清理

（1）路基用地范围内的树木、灌木丛等应在清表前砍伐或移植，砍伐的树木应堆放在路基用地之外，并妥善处理。

（2）路基用地范围内的垃圾、有机物残渣及农作物根系应予以清除（附图 C-1），原地表以下至少 30cm 的草皮、表土应予以清除并有序集中堆放，以供土地复耕和绿化使用。

（3）路基范围内的坑穴应填平夯实，并进行填前碾压，达到规定的压实度要求。

2.4.3　拆除与挖掘

（1）路基用地范围内的旧桥梁、旧涵洞、旧路面结构物等应按设计要求予以拆除，对于正在使用的道路设施及构造物，应对其正常使用作出妥善安排后，才能拆除。

(2)原有结构物的地下部分，其挖除深度和范围应符合设计文件或监理工程师要求。拆除原有结构物或障碍物需要进行爆破或其他作业有可能损伤新结构物时，应在新建工程动工之前完成。

(3)对所有指定为可利用的材料，应有序堆置于指定区域。对于废弃材料，承包人应按监理工程师指示妥善处理。对于因拆除施工造成的坑穴，必须回填并夯实，并达到规定的压实度。

2.4.4 临时排水

(1)路基施工应做好施工期间临时排水总体规划和建设，临时排水设施应与永久性排水设施综合考虑，并与工程影响范围内的自然排水系统相协调。

(2)路基开挖施工前，应按设计要求施工截水沟。截水沟应从下游向上游开挖。通过地面坑凹处时，应将凹处填平夯实。开挖后应及时进行防渗处理，不得渗漏、积水和冲刷边坡及路基。

(3)软土地基、地下水比较高的路段，施工前应采取措施排出公路用地范围内的地表水，孔洞、坑洼处应填平夯实，整平基底，并设置纵横向排水沟。必要时需设置集水井，采用水泵排水。膨胀土路段挖方的坡面宜采用窗口式骨架护坡，并设置支撑渗沟。

(4)施工前，宜先完成临时排水设施。施工期间，应经常维护临时排水设施，保证水流畅通。

(5)应重视地表水和地下水的处理。地表水以及可能发生的雨水径流应预先做好排水沟及出水口，如不能在填筑前做好小桥涵，则应做好临时管涵或盲沟，在边坡坡脚处做好临时排水沟(附图 C-3)及防护。

(6)路堤施工中，各施工作业层面应设 2%～4%的排水横坡，层面上不得有积水，并采取措施防止水流冲刷边坡。在已填路堤路肩处，应采取设置纵向临时挡水土埂(附图 C-5)、每隔一定距离设出水口和排水槽(附图 C-6)等措施，引排雨水至排水系统。

(7)路堑施工中，应及时将地表水排走，确保施工作业面不积水。

(8)高路堑地段应注意在渗水最大的部位有针对性地设置仰斜式排水孔，在边沟底设置复式渗沟。路堑两侧均应设置纵向盲沟，含水路段加大盲沟深度至路床下 2～3m，坡顶截水沟在路堑开挖前必须完成。

(9)施工工艺流程(图 2-3)。

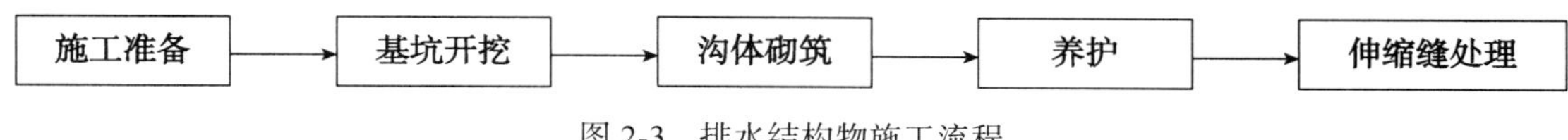

图 2-3 排水结构物施工流程

(10)施工质量要求要点：

①排水设施要求纵坡顺适，沟底平整，排水畅通。

②外观要求线形美观、顺适、圆滑。

③构造物要求坚实、稳定。

④基础伸缩缝应与墙身伸缩缝对齐。

⑤砌体抹面应平整、压光、直顺,不得有裂缝、空鼓现象。

⑥实测项目参见现行的《公路工程质量检验评定标准　第一册　土建工程》(JTG F80/1—2004)。

2.5　其他

有关人员组织、安全、环保等要求详见本指南《管理》《安全生产》及《环保》等分册。

3　一般路基施工

3.1　一般规定

（1）路基施工应遵循分层填筑、分层碾压及分层检测压实的“三分法”施工原则。

（2）路基填筑必须水平分层施工，每层上料前均应用灰线打出方格网并严格按方格网规定的数量上料，以控制松铺厚度；按填料类型选择性能优良、吨位足够、匹配的压实设备，严格工艺控制，保证压实质量。

（3）路基主体完工后，应留有半年以上的工后沉降期。若工期紧时，应对路堤采用增压补强措施，确保路基沉降符合设计要求，否则不得进行路面施工。

（4）路基工程完工后，建设单位组织各参建单位对全线排水系统、边坡防护工程及桥涵工程进行核查，结合路基地貌状况及水文地质情况对排水系统、防护工程进行完善。

（5）按照合同要求，依据设计文件和经批复的施工组织设计方案，将路基施工所需的挖除、填筑、运输、拌和、养护等设备就位并检查、保养到位。

（6）对将要开工项目所需的材料按照进度计划提前做好准备，土方工程的取、弃土场的施工便道应完成，填筑土方所选料场储量应满足要求，质量达到标准；构造物施工所需的外购材料试验结果得到批复，材料运至现场。

（7）使用爆破法开挖的路段，应先查明空中缆线、地下管线的平面位置、埋设深度或高度，调查开挖边界线外的建筑物结构类型、居民等情况，制订详细的爆破技术专项安全方案，并报监理工程师审批。

（8）爆破器材的存放地点、数量、警卫、收发、安全措施等，报监理工程师审核并经相关部门批准。

（9）对于《高速公路项目交工检测质量不符合项清单》和《高速公路项目竣工鉴定质量不符合项清单》所列有关路基项目，在施工过程中应重点控制，加强管理，进一步加强公路建设工程项目质量。

3.2　挖方路基

3.2.1　土质路堑

1）施工工序（图 3-1）

2）施工要点

（1）路堑开挖应根据实际地形、地貌在适当位置先行设置截水沟，截水沟应与排水系统顺接,确保排水通畅。按照动态的管理模式,根据施工状况,不断维护和整修平台排水沟、坡面急流槽的施工,确保施工作业面始终不积水。

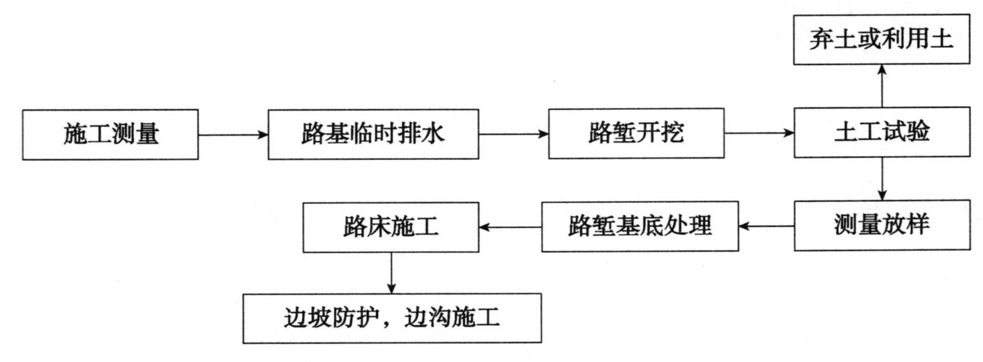

图 3-1　土质路堑施工工序流程

(2)应根据地面坡度、地质、开挖断面、施工机械设备等及出土方向,结合土方调配距离,选用安全、经济的开挖方案,同时需确保路堑边坡的稳定。

(3)路堑开挖应按设计断面测量放样,边开挖、边整形。坡面应平顺、稳定,不得产生亏坡等病害;路基表面应平整,边线顺适,曲线圆滑。

(4)经试验确定能够用于路基填筑的土质应分类开挖,不适宜作为路基填料的应按相关规定处理。开挖应按自上而下的顺序进行,随挖随修整边坡,并及时对坡面进行复测,不得乱挖、超挖,严禁掏底开挖。

(5)在开挖至边坡线时,应预留 30cm 左右的厚度以便刷坡,开挖一级、防护一级、绿化一级,并需保证边坡平台和坡面排水顺畅。

(6)边坡开挖揭露土质、地下水等因素与设计地质资料不符时,应及时汇报监理工程师,并综合其防护形式分析坡体稳定性,考虑是否需要设计变更;坡体开挖过程中,应与边坡动态变形监测同步进行,做好施工期间坡体变形监测工作。

(7)开挖至路床部位时,应尽快进行路床施工,如不能及时进行,应在路床顶面以上预留至少 30cm 厚保护层,待路床施工前挖除。

(8)路床施工前应先开挖两侧排水沟(纵向坡度不小于 1%),及时将雨水排出路基外,防止雨水集积危害路床。在渗水量大的部位,有针对性地设置仰斜排水孔,并在边沟底设置渗沟。

(9)当路床以下存在含水层或含水率较大时,应设置排水盲沟、换填、改良土质、土工织物等处理措施,路床填料除应满足规范要求外,还应具有良好的水稳性和透水性能。

(10)填挖结合部应在路堑端挖台阶与填方路堤相衔接,台阶宽度不小于 2m,台阶高度不得超过 2m,设置 2%~4%的倒坡;路床顶面横向衔接长度不宜小于 5m。

(11)取(弃)土场、护坡道、碎落台等应按设计要求施工,外形整齐、美观,防止水土流失。

(12)窑洞或墓穴均应挖至底部,采用合适填料分层夯填。

3）质量控制要点和监理要点

（1）防、排、截水设施系统完善。

（2）严格控制开挖方式，选定合适的运输路线，保证运输道路安全畅通。

（3）随时检查开挖界面，防止超挖和欠挖。应对边坡坡率进行动态设计。

（4）经常检查开挖边坡的稳定性，防止边坡滑塌。

（5）开挖将至路床顶时，复测高程，在适当位置标注开挖高程，防止超挖。超挖后，不得用虚土回填，必须采用压实设备或小型夯实设备分层压（夯）实到规定要求。

（6）路基表面平整，线形平顺、圆滑；边坡坡面平顺、稳定，没有亏坡现象，曲线圆滑，碎落台位置准确、整齐。

3.2.2 石质路堑

1）施工工序（图 3-2）

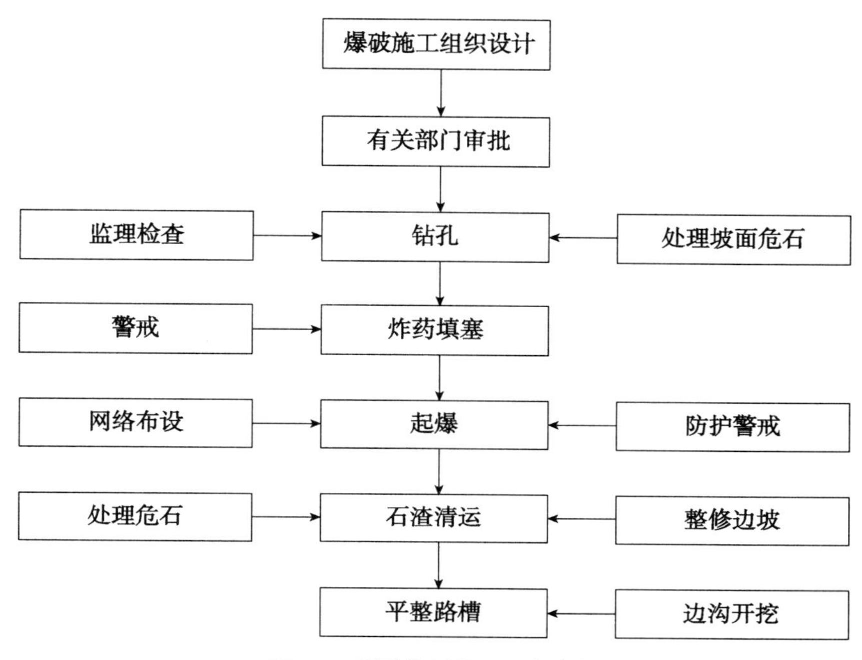

图 3-2 石质路堑施工工序流程

2）施工要点

（1）应根据岩石的类别、风化程度和节理发育程度等确定开挖方法。石方爆破开挖应以光面爆破、预裂爆破技术为主，禁止使用大爆破施工方法，严防超爆；软弱、松散岩质路堑宜采用分层开挖、分层防护和坡脚预加固技术。上边坡不得有松石，竖孔炮眼残留率不低于 85%，对于中硬质岩石，边坡不平整处采用 2m 直尺检测最大间隙不得超过 15cm，软质岩石不得超过 10cm。

（2）爆破施工宜按以下顺序：测量标定炮孔位置、钻孔、炮孔检查、爆破器材准备、装药、连接爆破网络、布设安全岗哨、炮孔堵塞、爆破覆盖、起爆信号、起爆、消除瞎炮、处理危石、解除警戒、石方清运、爆破效果分析及资料记录。

(3)挖方边坡应从开挖线往下分级清刷边坡,每下挖2~3m,应对新开挖边坡进行刷坡。对于软质岩石边坡,可用人工或机械清刷;对于坚石和次坚石,可使用炮眼法、裸露药包法爆破清刷,并清除危石、松石。清刷后的石质路堑边坡,不得陡于设计规定。

(4)拉槽法开挖应自拉槽的两端中部首先起爆,形成数个临空面,然后采用深孔梯段爆破,向拉槽中部推进。拉槽施工必须采用竖孔爆破方式。严禁采用平孔爆破。在距设计坡面线3~5m范围内必须采用光面爆破。对于未设防护工程的边坡可取消台阶,按第一级台阶的坡率一坡到底。光面爆破要求竖孔炮眼的间距不大于1m,如过量超挖,应采用浆砌片石衬砌已超挖的坑槽。

(5)根据设计的炮位、直径和孔深打眼,使用潜孔钻钻孔。当工程量小、工期允许时,可采用人工打眼,但必须得到监理工程师书面批准。

(6)石质路堑靠近路床顶面时,宜使用密集小型排炮施工,炮眼底高程宜低于设计高程10~15cm,装药时宜在孔底留5~10cm空眼,装药量按松动爆破计算。

(7)石质路床有裂隙水时,应采用渗沟连通,渗沟宽不宜小于30cm。渗沟底应略低于坑洼底,坡度不宜小于3%,并与边沟衔接。如渗沟低于边沟,则应在路肩下设纵向渗沟,沟底应低于深坑洼底至少10cm,宽度不宜小于60cm;纵向渗沟由填方路段引出。渗沟应填碎石,并与路床同时碾压到规定的压实度。

(8)每次爆破完毕后,及时组织人员、机械进行爆破石方的清运,测量高程,高出设计高程的应辅以人工凿平、铲出。低于高程的应采用级配碎石填筑,碾压密实稳固。边坡的修整,边坡表面的破碎岩石要全部清除,按设计要求进行刷坡,开挖排水沟。

(9)废弃的爆破石渣应运至指定位置按设计要求堆放。

(10)石质挖方路段毗邻复杂管线、电力高压线、密集居民区及厂房等特殊环境不宜采用爆破方案时,可考虑采用机械破碎等静态开挖方案。

3)爆破注意事项

(1)及时收集现场的各种数据,加以分析,对各种爆破方式进行比较,起爆顺序和起爆方式应进行多次比选,以达到最佳效果。

(2)对爆破所需的各种材料进行严格检查,必须有出厂合格证书。使用电雷管和导爆索之前必须进行检测,无问题后才能使用。

(3)爆破的施工技术人员、现场操作人员必须经过岗前培训,并取得资格证书。

(4)在现场施工时,起爆网络应严格按要求和规范进行连接,在爆破前应检查起爆网络、周边环境以及安全警戒设置等情况,无问题后方可施爆。

(5)加强对装药过程的控制;严格按设计药量来控制,不能少装或多装,间隔段填充物应均匀,应按岩石粉的自然密度来装,不能捣实,堵塞的长度应符合规定要求。

4)质量控制要点和监理要点

(1)路基表面平整,边线顺直、曲线圆滑;边坡坡面没有松石。

(2)石质边坡是否超挖。

(3)路床欠挖部分必须凿除。

(4)如为坚硬完整石质挖方路段,超挖深度严格控制为20cm。超挖部分应采用无机结合料稳定碎石或级配碎石碾压密实,严禁用细粒土找平;超挖部分处理时,执行监理旁站制度。

(5)石质边坡坡面有渗水时,应结合坡面防护、边沟等做好渗水处理。严禁将渗水部位全覆盖砌筑。

(6)边沟是否满足设计要求,且是否满足使用要求。

3.3 填方路基

3.3.1 基本要求

(1)填方路基应优先选用级配良好的砾类土、砂类土等粗粒土作为填料;采用细粒土填筑时,CBR值不满足规范要求时,宜掺用石灰、水泥、粉煤灰等无机结合料进行改良;桥涵台背和挡土墙墙背应优先选用透水性材料、轻质材料等;浸水路堤应选用渗水性良好且不易被冲刷的材料填筑。

(2)路堤施工应整幅填筑,禁止半幅施工。不同的填料应水平分层、分段填筑,同一层路基的全宽范围内应采用同一种填料,不得混合填筑。

(3)各标段之间和各作业段之间填筑层衔接时,每层搭接长度不得小于2m。每层碾压都必须到边缘,逐层收坡,后填段填筑时应把交界面挖成2m宽的台阶,分层填筑碾压;当两段同时施工时,应交替搭接,搭接长度不小于5m,应加强搭接线两侧各20m范围的压实度控制,应比同层位规定压实度值提高1%。

(4)路基每侧宜按规范要求超宽填筑0.3~0.5m,土方填筑至路床顶后,及时进行边坡修整,以达到满足设计要求的坡率。每填3层应检查边坡坡率。

(5)做好临时排水,路基两侧应做挡水埝,每50m用砖砌等设置一道临时急流槽,防止冲刷路基边坡。

(6)V形沟槽清表后,应采用强夯作业,直至工作面能够进入大型压实机具开展施工。

(7)高填方路堤应优先采用强度高、水稳性好的材料。对填土高度大于8m的路基,压实度标准应提高1%,并采用强夯等方法加强地基处理。施工过程应进行沉降观测。

(8)台背与路基结合部、分段作业结合部、标段结合部、填挖交界结合部作为路基施工质量关键控制部位。

(9)泥页岩、千枚岩等不宜用作路基填料。如果条件受限,须通过CBR等试验确定,并应填筑在原地面1.5m以上、路床顶面1.5m以下范围内,其上、下及周边应有完善的封闭措施,防止雨水渗入;碾压应选用激振力大于550kN(55t)的拖式振动碾压设备,松铺厚度不得大于30cm,确保压实质量。

3.3.2　施工工序(图 3-3)

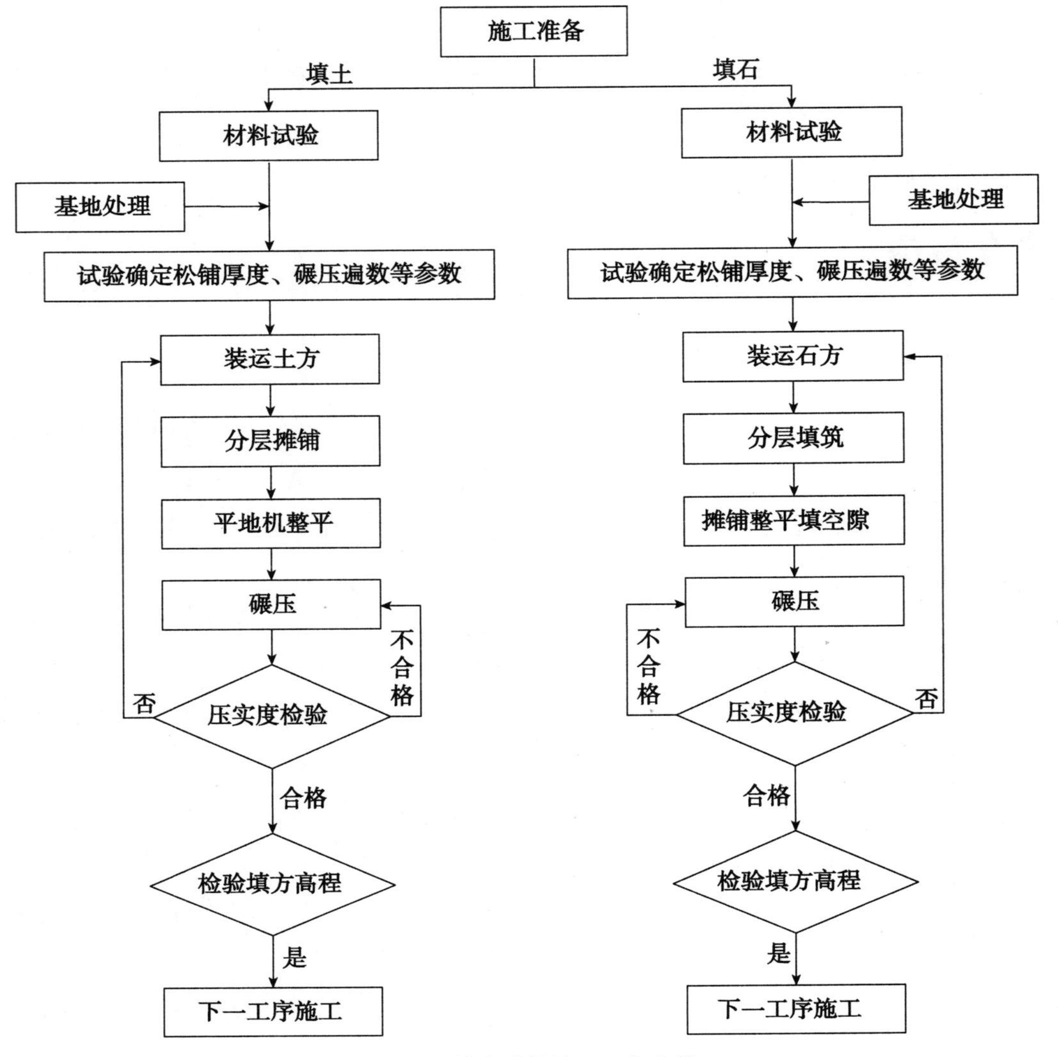

图 3-3　填方路堤施工工序流程

3.3.3　试验路段

(1)在路基开工前,应选择地质条件、断面形式等具有代表性的路段进行试验段施工。

(2)基底经检验合格后,根据自卸车容量计算堆土间距,在施工路段打上网格(附图 C-7),均匀卸土,用推土机按设计松铺厚度在整个路基宽度内进行摊铺。土方摊铺后用平地机整平,形成路拱,经测定厚度后,在最佳含水率时进行碾压。

(3)碾压时采用振动压路机进行施工(附图 C-8)。碾压过程中,测定并记录不同阶段路基土方密实度及碾压后土层厚度,直至达到规定的密实度为止。

(4)试验路段完成后,及时对试验路段施工资料进行总结,以确定适宜的施工工艺参数。试验段总结报告的主要内容如下。

①试验段基本概况。

②原材料试验资料及标准击实试验资料。

③每次上料、整平和碾压的适宜工作段长度。

④压实工艺主要参数:压实机具规格及最佳机械组合、松铺厚度、碾压遍数、碾压速度、最佳含水率、含水率允许偏差等。

⑤压实次数—压实度、含水率—压实度关系曲线。

⑥施工过程质量控制指标及控制方法,质量评价指标及评价标准。

⑦优化后的施工组织方案及施工工艺。

⑧施工原始记录、检测记录。

⑨相关建议和意见。

(5)将试验段施工总结上报监理工程师批准后,路基方可展开大规模施工。

3.3.4 填土路堤

(1)严禁使用含草皮土、生活垃圾、树根和腐殖物的土;不得采用淤泥、泥炭、冻土、强膨胀土、有机质土及易溶盐超过允许含量的土。

(2)应根据设计要求,结合路基排水和当地土地规划、环境保护要求,尽量利用荒坡、荒地,取土深度应根据用土量、取土场面积并结合地下水等因素考虑。原地面若属于耕植土,将表面30~40cm表层土挖出集中存放,以利再用。取土场应有规则的形状及平整的底部,不积水,边坡应按设计坡率修整。

(3)下承层经检验合格后,根据试验路确定的松铺厚度及自卸车容量计算卸料间距卸料,用推土机依据松铺厚度“高程台”(或标尺)在整个路基宽度内进行摊铺;采用平地机进行精细整平,形成路拱,松铺厚度经检测合格后进行碾压作业。

(4)碾压前应检测填料含水率,压路机的碾压行驶速度不得超过4km/h,碾压无漏压、无死角。达到规定碾压遍数及压实度并经监理工程师抽检合格后,方可进行下道工序。

(5)填方作业应分层平行摊铺,分层填筑的各层间应平整,符合横、纵坡要求。如原地面不平,应由最低处分层填筑,每填一层,经压实度检测合格并经监理工程师抽检同意之后,方可再填上一层,并处理好接茬。

(6)上料区、摊铺区、碾压区应按要求设置明显标识牌。应设置报检标识牌,注明施工段落起止桩号、层次、规定压实度、技术负责人以及现场监理工程师等。

(7)横坡陡峻地段的半填半挖路基,应按设计要求开挖台阶,台阶宽度不小于2m,内倾坡度4%。

(8)当路堤分几个作业段施工时,在两段交界处,则先填段应按1:1坡度分层填筑,碾压到边,并逐层预留2m宽的台阶收坡。当两段同时施工时,应交替搭接,搭接长度不小于5m,并应加强搭接位置的碾压。

(9)石灰改良土作为路基填料时,石灰和土必须符合规范要求,且石灰掺量必须满足设计要求。

(10)石灰土路基应采用拖式振动碾压设备压实,如施工条件受限制时,可采用自行式羊角碾,须严格控制压实厚度和质量。石灰土施工应采用连续施工,每层施工前,应对下承层表面进行洒水;若不能连续施工,每层碾压完成后或石灰土全部施工完后,应采用塑料薄膜覆盖养生。

(11)不同性质的土应分层、分段填筑。同一水平层路基的全宽应采用同一种填料,不得混填。每种填料层累计总厚不宜小于0.5m。

(12)零填路基及填方路基上下路床0~80cm范围内的压实度,不得小于96%。如不符合要求,应翻松后再压实,使压实度达到规定的要求。

3.3.5 填石路堤

(1)填石路堤不应采用膨胀性岩石、易溶性岩石、崩解性岩石和盐化岩石等作为填料;填料粒径应不大于250mm,并不宜超过层厚的2/3,不均匀系数宜为15~20,路床填料粒径应不大于100mm。

(2)填筑时,应配备大功率推土机及重型压实机具(压路机静重应在25t以上,最大激振力在40t以上)。避免出现粗细颗粒离析,严格控制填筑厚度、压实遍数,用压实沉降差或空隙率指标检测压实质量。

(3)填石路基宜用自卸车从一头上料向前推进,大型推土机按试验路确定的松铺厚度摊铺,边上料、边摊铺;人工剔除(或破碎)超粒径石料;避免出现粗细颗粒离析现象。

(4)中硬、坚硬石料填筑的路堤应进行边坡码砌,边坡码砌石料强度不低于30MPa,最小边尺寸应大于30cm,块形规则。填高小于5m的填石路堤,边坡码砌厚度不小于1m;填高5~12m的填石路堤,边坡码砌厚度不小于1.5m;填高大于12m的填石路堤,边坡码砌厚度不小于2m。边坡码砌与路基填筑应同步进行。

(5)填料岩性相差较大,特别是岩石强度相差较大时,应将不同岩性的填料分段填筑,不得混填。

(6)路堤逐层填筑时,应安排好石料运输路线,专人指挥,按水平分层,先低后高,先两侧后中央上料,并用大功率推土机摊平。个别不平处应配合细石块、石屑找平。

(7)当级配较差、料径较大、石块间存在明显空隙时,应在空隙中填入石渣、石屑或中粗砂。

(8)人工铺填石料时,应先铺填大块石料,大面向下,摆平放稳,再用小石块找平,石屑塞缝,最后压实。

(9)填石路堤压实时应先两侧(即靠路肩部分)后中间,压实路线应纵向互相平行,反复碾压。行与行之间重叠40~50cm,前后相邻区段应重叠1.0~1.5m。

(10)填石路堤的质量检测应采用施工参数和水袋法、沉降法联合控制。路堤表面不得有明显孔洞,大粒径石料不松动;边坡码砌紧贴、密实,无明显孔洞、松动,砌块间承接面向内倾斜。

3.3.6 土石混填路堤

(1)土石混填路堤的基底处理同填土路堤。

(2)天然土石混合料中所含石料强度大于20MPa时,石块的最大粒径不得超过压实层厚的2/3,超过的应清除;当所含石料为软质岩(强度小于15MPa)时,石料最大粒径不得超过压实层厚,超过的应打碎。

(3)土石路堤禁止采用倾填方法,均应分层填筑,分层压实,分层检测。每层的铺填厚度应根据压实机械类型和规格确定,不宜超过40cm。

(4)压实后渗水性差异较大的土石混合填料应分层或分段填筑,不得纵向分幅填筑。如确需纵向分幅填筑,应将压实后渗水良好的土石混合料填筑于路堤两侧。

(5)当土石混合填料来自不同路段,其岩性或土石混合比相差较大时,应分层或分段填筑。如不能封层或分段填筑,应将含硬质石块的混合料铺于铺筑层的下面,且石块不得过分集中或重叠,上面再铺含软质石料的混合料,然后整平碾压。

(6)土石路堤的路床顶面以下0~80cm范围内应填筑符合路床要求的土并分层压实,填料最大粒径不大于10cm。

3.3.7 砂砾路基填筑

(1)砂砾路堤应采用级配良好的天然砂砾,级配不良时应掺配。天然砂砾含泥量填在原地面以上2m范围内的不大于10%,其余部分不大于15%,砾石含量不少45%~60%,最大粒径路床不大于100mm、路堤不大于150mm。对于台背回填、软基处理垫层等有特殊透水要求的部位,砂砾含泥量、砾石含量、最大粒径要求应适当提高。

(2)砂砾路基施工,每个作业面应至少备有振动压路机2台、平地机1台、推土机1台、洒水车2辆。

(3)应根据试验路段确定的松铺厚度、碾压遍数等参数进行施工。一般每层松铺厚度不宜超过30cm。用重型振动压路机分层强振压实不少于6遍。

(4)应在料源或运输车辆上配置“人字形”筛,筛除超粒径颗粒。

(5)在填筑过程中,应插杆挂线、设置厚度控制墩,以便控制填筑宽度和厚度每填筑一层。应及时进行压实度检测,并做好排水横坡及临时排水。

(6)每填筑3层,应对高程、横坡、宽度等指标进行检查。

3.3.8 高填方路堤

(1)高填方路段的压实标准宜比规范规定值提高1%。

(2)宜优先选用强度高、水稳性好或采用轻质材料。

(3)施工过程应进行沉降观测,按照设计要求控制填筑速率。沉降观察测点的布置按相关要求进行,观测资料应提供监理工程师。

(4)高填方路堤应优先安排施工,尽早完成。

(5)大于8m的高填方路基,必须采用冲击式压路机进行冲击补强。填土平面长或宽大于等于80m,且冲击碾压深度2m内无涵洞或其他构造物时,路基每填高2m应冲碾一次。填石路基每填高3m冲碾一次,砂性土及含水率高的黏性土不适宜冲击增强碾压。

3.4　填挖交界处理

3.4.1　横向半填半挖

(1)填挖结合或半填半挖路段的路基施工，宜采用先挖台阶—分层回填—开挖路堑的施工工艺，尽量扩大回填作业面，杜绝出现原地表清理不彻底或碾压欠压现象，加强填挖结合部位工程质量的控制。

(2)认真清理半填断面的原地面，将原地面翻松或挖成台阶，台阶开挖高不大于2m，宽度不小于2m。

(3)必须从低处往高处分层摊铺碾压，拼缝两侧各不小于5m范围压实度可适当提高。

(4)填挖时，必须待下部半填断面原地面处理好，经监理工程师检验合格后，方可开挖上部挖方断面。

(5)石方山坡，应清除原地面松散风化层，按设计开凿台阶。

3.4.2　纵向半填半挖

(1)按设计要求处理原地面，处理长度依据填土高度和原地面坡度而定。

(2)填方应分层填筑，填筑交接处应挖成台阶处理，台阶宽度应不小于2m。

(3)填、挖交界处的开挖，必须待填方处原地面处理好并经监理工程师检验合格后，方可开挖挖方断面。

(4)纵向填、挖交界处填筑(或深坑回填)时，应铺设土工格栅，搭接长度不小于1m，向两侧位置延伸不小于10m，台阶宽度不小于2m，紧贴台阶向上卷起高30cm。拼接缝两侧各不小于5m范围压实度可适当提高。

3.5　质量标准

3.5.1　土方路基

(1)必须根据天气情况合理安排施工，根据当地天气情况制订旱、雨季施工计划，每层施工完成后应完善地表水处置方案，把其对路基的破坏降到最低点。

(2)施工便道应修筑在路堤之外，不得使用路堤做便道。

(3)土方路基施工质量标准必须符合表3-1要求。

3.5.2　石方路基

(1)严格控制填石路基填料松铺厚度，超粒径填料应进行剔除或进行破碎。施工机械宜采用大型推土机(T140以上)，碾压机械使用重型振动压路机(20t以上)或冲击式压路机，并做试验路段，根据施工工艺确定碾压遍数。

土方路基实测项目 表 3-1

<table>
<tr><th rowspan="3">项次</th><th rowspan="3" colspan="4">检 查 项 目</th><th colspan="3">规定值或允许偏差</th><th rowspan="3">检查方法或频率</th><th rowspan="3">权值</th></tr>
<tr><th rowspan="2">高速公路
一级公路</th><th colspan="2">其他公路</th></tr>
<tr><th>二级公路</th><th>三级公路</th></tr>
<tr><td rowspan="6">1△</td><td rowspan="6">压实度（%）</td><td rowspan="2">零填及挖方（m）</td><td>0~0.30</td><td>—</td><td>—</td><td>94</td><td rowspan="6">按现行《公路工程质量检验评定标准 第一册 土建工程》（JTG F80/1—2004）附录 B 检查
密度法：每 200m 每压实层测 4 处</td><td rowspan="6">3</td></tr>
<tr><td>0~0.80</td><td>≥96</td><td>≥95</td><td>—</td></tr>
<tr><td rowspan="3">填方（m）</td><td>0~0.80</td><td>≥96</td><td>≥95</td><td>≥94</td></tr>
<tr><td>0.80~1.50</td><td>≥95（94）</td><td>≥94</td><td>≥93</td></tr>
<tr><td>>1.50</td><td>≥94（93）</td><td>≥92</td><td>≥90</td></tr>
<tr><td>路堤基底（m）</td><td>-0.30~0</td><td>≥92</td><td>≥90</td><td>≥88</td></tr>
<tr><td>2△</td><td colspan="3">弯沉（0.01mm）</td><td colspan="3">不大于设计要求值</td><td>按现行《公路工程质量检验评定标准 第一册 土建工程》（JTG F80/1—2004）附录 I 检查</td><td>3</td></tr>
<tr><td>3</td><td colspan="3">纵断高程（mm）</td><td>+10，-15</td><td colspan="2">+10，-20</td><td>水准仪：每 200m 测 4 断面</td><td>2</td></tr>
<tr><td>4</td><td colspan="3">中线偏位（mm）</td><td>50</td><td colspan="2">100</td><td>经纬仪：每 200m 测 4 点，弯道</td><td>2</td></tr>
<tr><td>5</td><td colspan="3">宽度（mm）</td><td colspan="3">符合设计要求</td><td>米尺：每 200m 测 4 处</td><td>2</td></tr>
<tr><td>6</td><td colspan="3">平整度（mm）</td><td>15</td><td colspan="2">20</td><td>3m 直尺：每 200m 测 2 处×10 尺</td><td>2</td></tr>
<tr><td>7</td><td colspan="3">横坡（%）</td><td>±0.3</td><td colspan="2">±0.5</td><td>水准仪：每 200m 测 4 个断面</td><td>1</td></tr>
<tr><td>8</td><td colspan="3">边坡</td><td colspan="3">符合设计要求</td><td>尺量：每 200m 测 4 处</td><td>1</td></tr>
</table>

注：1.表列压实度以重型击实试验法为准。

2.采用核子仪检验压实度时应进行标定试验，确认其可靠性。

3.特殊干旱、特殊潮湿地区或过湿土路基，可按交通运输部颁发的路基设计、施工规范所规定的压实度标准进行评定。

4.三、四级公路铺筑沥青混凝土或水泥混凝土路面时，其路基压实度应采用二级公路标准。

5.当路堤填土高度小于路床厚度（80cm）时，基底的压实度按路床的压实度标准控制。

（2）石方路基施工质量标准必须符合表 3-2 要求。

石方路基实测项目　　表 3-2

<table>
<tr><th rowspan="2">项次</th><th rowspan="2" colspan="3">检 查 项 目</th><th colspan="2">规定值或允许偏差</th><th rowspan="2">检查方法或频率</th><th rowspan="2">权值</th></tr>
<tr><th>高速公路一级公路</th><th>其他公路</th></tr>
<tr><td rowspan="3">1</td><td rowspan="3">压实</td><td colspan="2">碾压遍数</td><td colspan="2">试验路段确定</td><td rowspan="3">水准仪（毫米级）：每 1 000m² 测 10 点，施工工艺查施工记录及监理记录</td><td rowspan="3">3</td></tr>
<tr><td rowspan="2">压沉值（mm）</td><td>平均值</td><td colspan="2">≤5</td></tr>
<tr><td>标准差</td><td colspan="2">≤3</td></tr>
<tr><td>2</td><td colspan="3">纵断高程（mm）</td><td>+10，-20</td><td>+10，-30</td><td>水准仪：每 200m 测 4 断面</td><td>2</td></tr>
<tr><td>3</td><td colspan="3">中线偏位（mm）</td><td>50</td><td>100</td><td>经纬仪：每 200m 测 4 点，弯道加 HY、YH 两点</td><td>2</td></tr>
<tr><td>4</td><td colspan="3">宽度（mm）</td><td colspan="2">符合设计要求</td><td>米尺：每 200m 测 4 处</td><td>2</td></tr>
<tr><td>5</td><td colspan="3">平整度（mm）</td><td>20</td><td>30</td><td>3m 直尺：每 200m 测 2 处×10 尺</td><td>2</td></tr>
<tr><td>6</td><td colspan="3">横坡（%）</td><td>±0.3</td><td>±0.5</td><td>水准仪：每 200m 测 4 断面</td><td>1</td></tr>
<tr><td rowspan="2">7</td><td rowspan="2">边坡</td><td colspan="2">坡度</td><td colspan="2">符合设计要求</td><td rowspan="2">每 200m 抽查 4 处</td><td rowspan="2">1</td></tr>
<tr><td colspan="2">平顺度</td><td colspan="2">符合设计要求</td></tr>
</table>

注：1.土石混填路基压实度或固体体积率可根据实际可能进行检验，其他检测项目与石方路基相同。

2.表中压沉值指按基本要求中规定机械、层厚由试验段确定的遍数碾压后，再碾压 2 遍，检测测得的沉降差。

3.6　结构物台背回填

3.6.1　施工前提条件

（1）结构物达到设计或规范规定的强度，隐蔽工程验收合格。

（2）符合要求的回填材料已准备。除设计文件另有规定外，均应采用砂类土填筑。

（3）大型机械设备碾压不到位的地方，应配备小型夯实机械压实。

3.6.2　施工工序图（图 3-4）

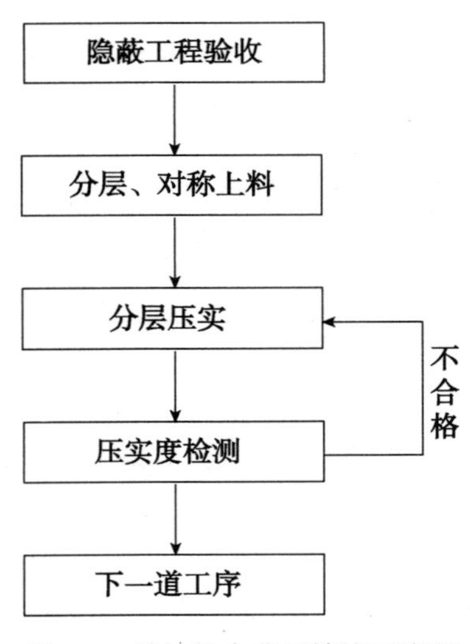

图 3-4　结构物台背回填施工流程

3.6.3　台背回填范围

（1）通道、涵洞工程：顶部长度不宜小于 2 倍台高+2m，底部长度为基础外沿加 3～5m。

（2）桥梁工程：顶部长度不宜小于2倍台高+3m；拱桥台背回填长度不宜小于台高3～4倍；底部长度为基础外沿加3～5m。

（3）设计中有明确说明的，按设计文件执行。

3.6.4　施工要点

（1）桥涵填土的范围必须严格按照设计文件执行。做好过渡段，过渡段路堤压实度应不小于96%，同时纵向和横向防排水系统连接通畅。

（2）台背回填应慎重选择填料，宜采用强度和水稳定性好的材料，宜采用天然砂砾、粒径小于15cm的石渣、水泥稳定类的半刚性材料填筑或灰土回填。

（3）严格分层填筑，严禁向坑内倾倒，每层最大压实厚度应不大于20cm，当采用小型机具时，分层压实厚度不大于15cm，并应达到设计要求的压实度。应在结构物墙身上左、中、右位置，用红、白油漆相间画出每层压实厚度控制标线，并标注层位编号（附图C-4）。与路堤交界处应预留台阶，台阶宽度不小于2m，台高不大于1m、内倾2%～4%。

（4）台背填土的顺序应符合设计要求。梁式桥的轻型桥台台背填土，应在梁体安装完成后两侧对称回填；柱、肋式桥台台背填土，宜在台帽施工前，柱、肋侧对称、平衡地进行。桥台背和锥坡的回填施工宜同步进行，一次填足并保证压实整修后能达到设计宽度。台背回填部分的路床宜与路堤路床同步填筑。

（5）回填施工应采用大型压路机为主、小型压实机具配合进行压实。采用小型夯实机具，夯实铺筑厚度不得大于10cm。

（6）回填前，八字墙、一字墙以及支撑梁必须完成，梁板架设前最多对称回填至1/3墙高。回填应与路基同步施工，不能同步时应严格按要求开挖台阶。

（7）涵洞应在盖板安装或浇筑后，在洞身两侧对称分层回填压实，顶面填土压实厚度大于50cm时，方可通过重型机械和汽车。

（8）回填过程中，应防止雨水浸泡，回填结束后顶部应及时封闭。

3.6.5　施工工艺

（1）结构物回填前应在台背用油漆画好每一层的松铺厚度标志线，分层回填压实。

（2）涵洞缺口填土，应在两侧对称均匀分层回填压实。如使用机械回填，则涵台胸墙部分及检查井周围应先用小型压实机械压实后，方可用机械进行大面积回填。

（3）填土过程中，应防止水的浸害，回填结束后，顶部应及时封闭。

（4）在涵洞两侧缺口填土未完成前，不得进行涵顶高程以上的填方施工。

3.6.6　施工质量控制

（1）台背回填每层最大压实厚度不大于20cm，当采用小型机具时，分层压实厚度不大于15cm；台背回填采用砂性土，从基底到顶面的压实度均不小于96%。

(2)桥涵台背、挡土墙墙背及上路床应选用渗水性良好的砂类土,物理力学指标见表3-3。

涵台背回填砂性土物理力学指标对照表　　表3-3

项　次	项　　目	范　　围	项　次	项　　目	范　　围
1	液限	<42%	3	最小干密度	>1.9
2	塑性指数	<12%	4	颗粒含量(>0.075mm)	>85%

4 特殊路基施工

4.1 一般规定

(1)软土路基的类型较多,处理的方式也具有多样化,在施工时应按设计要求选择合理的处理方案,或参考规范选择符合实际的方式。

(2)特殊路基施工,应进行基础试验,编制专项施工组织设计,批准后实施。试验段铺筑前,必须做好相关前期准备工作,具备相应的施工条件,报建设单位或监理单位审批。

(3)在项目实施过程中,设计单位应按照合同规定派参与设计的主要技术人员现场驻点跟踪服务,实时检查现场施工工程实体与设计的一致性、施工工艺与设计要求的符合性、地质情况与勘测结果的吻合性,及时完善、优化设计,向建设单位提出书面建议,及时按照规定程序办理变更设计事宜;在施工图会审过程中,对建设单位、施工单位、监理单位提出的问题和疑问应进行认真的研究并提出相应的解决办法,并以书面的形式进行答疑。

(4)应做好充分的技术准备工作。调研当地类似工程处理经验,在充分试验、论证、咨询的基础上,对设计方案进行优化、完善。

(5)在实施过程中,如实际地质情况与设计不符,或设计方案因故不能实施,应按有关规定进行优化、报批。

(6)当采用新技术、新工艺、新设备(相关技术规范未提及的)时,应经建设单位组织论证后使用。关键设备如推土机、碾压机等都应随机附带经监理签认的关键工艺操作手册。

(7)山岭重丘区、黄土丘陵区冲沟地带、软土不良地基路段、高填、半挖半填路段及填挖交界处,施工前制订沉降控制方案,施工中严格控制压实度和压实厚度,施工后进行沉降观测,并认真做好施工记录和监理旁站记录。

(8)对于《高速公路项目交工检测质量不符合项清单》和《高速公路项目竣工鉴定质量不符合项清单》所列有关路基项目,在施工过程中应重点控制,加强管理,进一步加强公路建设工程项目质量。

4.2 软土路基

4.2.1 施工前提条件

(1)按本分册第2章规定,已完成有关准备工作。

(2)对原材料、半成品、成品的检验已完成。

(3)已取得有关软土地基处治试验路段的资料和总结报告。

(4)沉降观测所需的测试仪具已落实到位。

(5)分项工程施工方案开工报告已得到批复,施工人员、施工机具等满足施工进度的要求。

4.2.2 技术准备

(1)施工前进行施工图纸会审。在全面熟悉设计文件和设计交底的基础上,进行现场核对和施工调查,熟悉和分析施工现场的地质、水文资料,发现问题及时根据有关程序提出修改意见报请变更设计。

(2)在测量准备工作阶段,项目经理部应进行整个施工段落设计桩位交接;导线、中线、水准点复测;横断面检查与复测,增设水准点等。测量及计算结果报监理工程师批准后,进行现场施工测量放样。

(3)正式开工前,编制袋装砂井单项施工组织设计,向具体施工人员(技术、操作、安全人员)进行深入、全面的二级交底,确保施工过程中技术、质量和安全满足规定要求。

4.2.3 设备、材料与作业要求

1)主要设备

(1)机械:振动打桩机、平地机、推土机、装载机、发电机、运输车辆等。

(2)测量设备:全站仪、水平仪、钢尺、皮尺等。

2)材料准备

(1)砂料:砂经试验后符合规定要求方可采用(中、粗砂中大于0.6mm颗粒的含量宜占总重的50%以上,含泥量不得大于3%,渗透系数不得小于5×10^{-2}mm/s。

(2)砂袋:袋材(聚丙烯或其他编织物),各项技术指标应满足标准要求。抗拉强度应能保证承受砂袋的自重,装砂后砂袋的渗透系数不得小于砂的渗透系数。

3)作业条件

(1)正式开工前,施工场地应完成“三通一平”(即水通、电通、路通与场地平整)。

(2)清除路基表面杂物并初步整平;做好临时排水系统。

(3)架设临时供电线路、安装安全设施、警示标志等,各项准备工作均应就绪。

(4)机械设备及时进行维修维护,确保使用完好,满足施工需要,保证使用安全。

(5)施工作业人员要求:袋装砂井属于隐蔽工程,必须对施工过程留有影像资料。并且要求作业人员必须具有良好的操作技能和施工经验,对操作工人进行培训、技术安全交底,做到熟练掌握打设砂井等技术。操作人员应保持稳定,特殊工种应持证上岗。

4.2.4 施工要点

1)软土地基施工工序如图4-1所示。

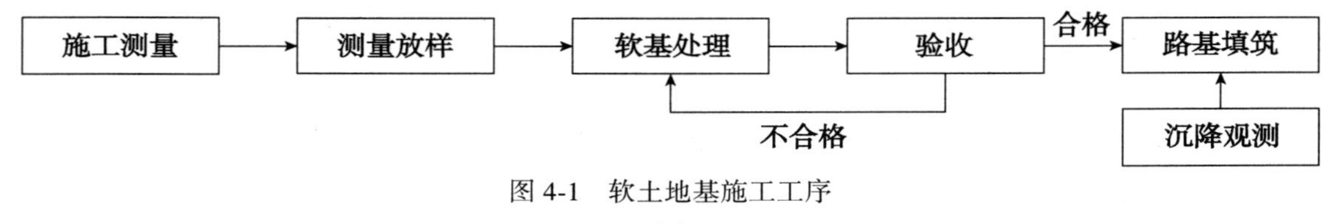

图4-1　软土地基施工工序

2)浅层处治施工要点

(1)挖除换填。

①挖除换填适用于表层分布厚度小于3m的软土(不良土组,并易于挖出)。

②按设计要求,将原地面以下一定深度和范围内的软土挖除,换填材料应选用水稳性或透水性好(或符合设计要求)的材料,分层填筑并压实至设计规定的压实度。

③在地下水位较高,挖掘困难时,换填深度一般不得超过2m。

④路基坡脚以外至少1.0m范围内均宜挖除换填;若设计文件中有明确规定的,按设计文件执行。

(2)垫层。

①按设计要求,在清理的基底上铺筑符合要求的水稳定性材料,分层铺筑、压实。并宽出路基边脚不少于0.5~1.0m,两侧端按设计防护。

②施工中应避免砂或砂砾受到污染。严重污染的应换料重填。

③砂垫层断面、砂垫层加土工布断面,见图4-2、图4-3。

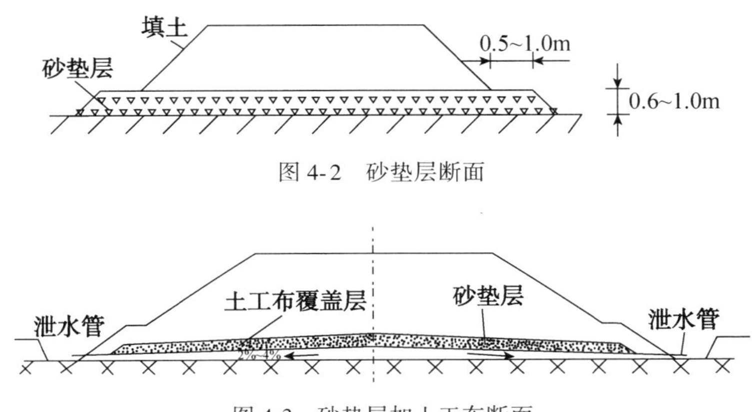

图4-2 砂垫层断面

图4-3 砂垫层加土工布断面

(3)抛石挤淤。

①原材料应选用不易风化的片石,片石厚度或直径不得小于300mm。

②软土地层平坦、软土呈流动状时,填筑应沿路基中线向前呈三角形方式投放片石,再渐次向两侧全宽范围扩展。当软土地层横坡陡于1∶10时,应自高侧向低侧填筑,并在低侧坡脚外一定宽度内同时抛填形成片石平台。

③片石抛填出软土面,应用较小石块填塞垫平,并用重型压路机碾压密实。其上顶面和坡脚两侧应设反滤层。

④路基坡脚以外至少1.0m范围内均应抛石挤淤。

(4)质量控制要点和监理要点。

①基底不得超挖,基地地质情况;换填材料质量、换填宽度、压实度(灌砂法)等。

②片石材质、几何尺寸;填筑方式、宽度,片石咬合紧密,碾压密实;反滤层材质,设置宽度、厚度等。

3)袋装砂井法施工要点

(1)工艺流程(图4-4)。

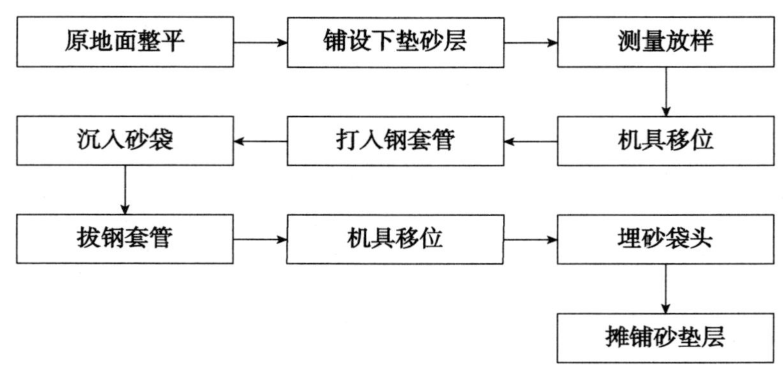

图 4-4　袋装砂井法施工工艺流程

(2)技术要点。

①场地放样整平:测放路线中线、边线,并按要求清理施工现场,除去杂物废土,进行整平,按设计要求放出桩位。

②打入套管:机具就位后,按测放桩位将钢套管打入土中,至设计要求深度。砂井可用锤击法或振动法施工,导轨应垂直,钢套管不得弯曲,沉桩时应用经纬仪或重锤控制垂直度。砂井深度一般取 10~18m,常用的砂井直径为 20~30cm,井距为 2~4m,袋装砂井直径一般为 7~10cm。

③沉入砂袋:将预先准备好的编织袋底部扎紧,装入大约 20cm 的砂,袋长应比砂井长 2m,然后放入孔内。

④装砂拔管:将袋的上端固定在装砂漏斗上,从漏斗口将干砂边振动边流入砂袋,装实装满为止,然后从漏斗上卸下砂袋,拧紧套管上盖,而后一边把压缩空气送进套管,一边提升套管直至地面。

⑤机具移位,埋砂袋头,并摊铺砂垫层。砂袋留出孔口长度应保证伸入砂垫层至少 30cm,并且不能卧倒(附图 C-12)。

(3)质量控制要点和监理要点。

①加强材料管理和检验,确保砂子质量,含泥量不得超标;对砂袋应进行分批抽检(见证取样外委检测)。

②打设套管前要检查套管长度和直径是否与设计相符、管内是否有杂物、桩尖活动门开启是否灵活、封闭是否良好。

③为控制砂井的设计入土深度,在钢套管上应划出标尺,以确保井底高程符合设计要求。

④砂井施工质量标准应符合表 4-1 的规定。

砂井施工质量标准　　表 4-1

序　号	检 查 项 目	允 许 偏 差	检查方法或频率	权值
1	井间距	±150mm	抽查 2%	2
2	井长度	不小于设计值	查施工记录	3
3	砂井直径(mm)	+10,0	挖验 2%	1

续上表

序　号	检 查 项 目	允 许 偏 差	检查方法或频率	权值
4	垂直度	1.5%	检查施工记录	2
5	灌砂量	不小于设计值	检查施工记录	2

⑤砂袋的渗透系数应不小于砂的渗透系数；砂袋是否有破损、老化、污染；砂袋孔口外的长度。

⑥钢套管是否打入设计深度（井长），井距、井径、竖直度、灌砂率。防止漏打、短桩或打不到位等情况。

⑦沉降和位移观测：最大沉降量不大于10mm/d，水平位移控制在5mm/d，坡脚以外的地面不应出现隆起。连续2个月的沉降速率小于3mm/月后，方可进行路面基层和面层施工。

4.2.5 软土路基的其他处治工艺

1）塑料排水板法

（1）施工工序（图4-5）。

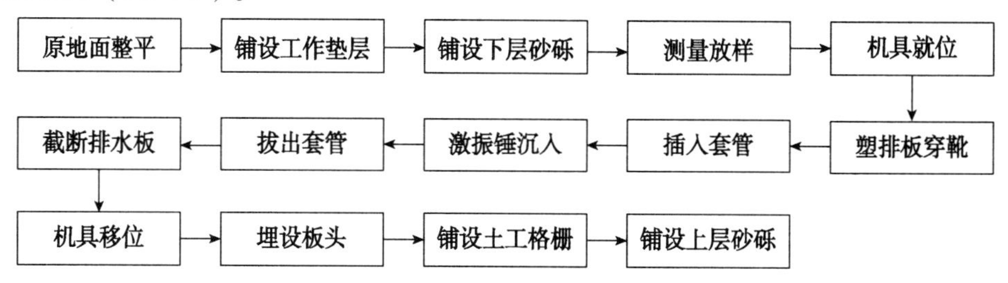

图4-5　塑料排水板施工工序

①机具就位：根据布板范围和间距，放出每个板的准确点位，插板机械应根据从低往高处打设的原则安设，定位时要保证桩锤中心与地面定位在同一点上，并用经纬仪或其他观测方法控制桩锤与搭架的垂直。

②塑排板穿靴：在搭架插板卷筒上安装塑料板，将塑料板通过套管从管靴穿出，固定在桩尖上，并一起贴紧管靴对准板位。

③沉管插板：开始时沉管下沉速度要缓慢；套管入土深度距设计深度约2m时要减慢沉管速度，防止超深或碰上基岩时能及时采取措施。

④拔管及截断排水板：沉管到设计深度后即可拔管；套管拔出后截断塑料板，在砂砾石垫层上留出20~30cm。拔管时应连续缓慢进行。

⑤铺设上层砂砾：整段软土地基插板结束后，应均匀等厚铺设上层砂砾石垫层，厚度一般为20~30cm，并按要求覆盖塑料插板。应采用压路机静压6~8遍，并检查其压实度，一般应达到90%以上。

⑥预压荷载：荷载应均匀地堆加在砂砾石垫层上。一般预压荷载为上部土石方填料，预压荷载采用变形控制，分层加载结束24h观察位移速率和水平位移速率是否符合规定值要求。

（2）施工要点。

①塑料排水板严禁在现场长时间曝晒,应采取措施损坏滤膜。

②塑料排水板严禁搭接。

③塑料排水板超过孔口的长度须伸出砂垫层不小于500mm,预留段应及时弯折埋设于砂垫层中,与砂垫层贯通,并采取保护措施。

④打设形成的孔洞应用砂回填,不得用土块堵塞。套管拔出后,必须清除垫层与塑料板接壤处的泥土,然后用与垫层同样的材料填补,使其排水畅通,防止“死井”现象。

⑤施工过程中防止泥土等杂物进入套管内,一旦发现应及时清除。

⑥施工机具上应带有明显的进尺刻度标记,以控制塑料板的打入深度。

⑦打入前,应测绘塑料板打入位置,并设置明显的标记;同时必须保证打入设备的平衡度和垂直度。

⑧在不同作业面施工前,应进行不少于10根的试桩,确定回带长度和套管的打设深度。回带长度一般要求不大于500mm;否则应采用在该塑料板周围打梅花状的方法补救。

⑨打设机定位时,管靴与板位标记的偏差应控制在±70mm范围内。

(3)质量控制要点和监理要点。

①露天存放的塑料板的覆盖情况。

②打入设备作业时的平衡度和垂直度。

③塑料板的板距、板长和竖直度。

④塑料板的回带长度和伸入垫层的长度。

⑤孔口处理情况。

2)水泥粉煤灰碎石(CFG)桩

(1)技术准备。

①全面核查地质资料。结合设计参数,合理选择施工机械和施工方法。

②测量放样,平整场地,并清理地表杂物。

③对原材料包括水泥、粉煤灰、碎石及外加剂等,按相关规定进行检验,检验结果应符合设计要求。

④进行室内配合比试验,选定合适的配合比。

⑤施工前应进行试桩,确定施工工艺和参数,试桩数量应符合设计要求,一般宜为5~7根。

(2)水泥粉煤灰碎石(CFG)桩施工工序,如图4-6所示。

(3)施工要点。

①混合料必须搅拌均匀。

②选择合理的施打顺序,避免对已成桩造成损害。

③沉管过程中,应保持桩机稳定,每沉1m应记录一次电流表电流,并对土层变化记录。严格控制最后30s电机的电流电压值。

④拔管过程中严禁反插。如果上料不足,应在拔管过程中空中加料,不允许停拔再投料;施工桩桩顶高程应高于设计桩顶不少于500mm,浮浆厚度不得超过200mm;另外,高出部分应统一采用桩头切割机水平切除。

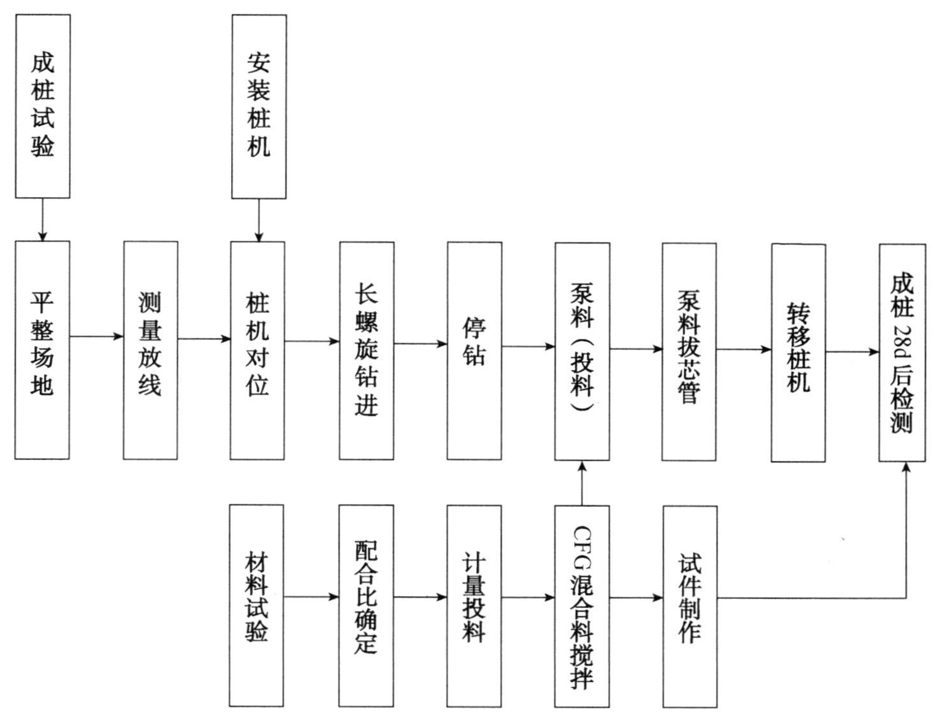

图4-6 水泥粉煤灰碎石(CFG)桩施工工序

⑤成桩过程中,应对已打桩桩顶进行位移监测。

⑥在CFG桩施工中,每台班均需制作检测试件,并进行28d强度检验。

(4)质量控制要点和监理要点。

①原材料质量是否合格。

②混合料配比,检查坍落度及其拌和均匀性、搅拌时间。

③检查施工记录。

④检查桩机是否倾斜或错位;检查沉管深度。

⑤检查拔管速率,核实桩的充盈系数,是否存在缩颈或断桩。

⑥检查桩顶高程、浮浆厚度、桩径、桩距。

⑦监测已成桩位移和桩顶高程;监测施工场地地面高程。

⑧检查桩体强度、单桩和复合地基承载力。

⑨施工时排出的泥浆水,应妥善处理,或用泥浆罐车运至甲方指定地点,避免污染环境。

4.3 黄土路基

4.3.1 技术准备

(1)熟悉和掌握施工图设计文件及施工现场的地质、水文资料;编制施工技术方案。

(2)掌握地表水(自然汇水)的情况,合理设计临时排水系统,并与自然排水系统协调,切断流向施工作业面的水流。

(3)对于路基上游50m、下游30m范围内的黄土陷穴,逐个进行详细调查,查看其大小、深度、范围、类型、发育形态等,分析其形成的原因及其对路基的危害程度,选择适用的工程处理措施。调查路基外20~30m范围内的地表裂缝。

(4)黄土地区大多干旱少雨,路基施工的主要困难是水源缺乏,选择综合成本低的水源。

(5)进行试验段施工,遵循合同技术规范的规定,根据试验段情况写出技术及施工总结,并依此编制作业指导书,向现场技术人员、管理人员、施工人员进行深入、全面的书面技术交底和安全交底。

4.3.2　设备、材料与作业要求

1)主要设备

(1)土方挖装设备:一般黄土多采用挖掘机、装载机进行挖装;也可使用推土机进行赶料,装载机装车。

(2)土方摊铺设备:初平使用推土机,一般使用平地机进行摊铺作业。

(3)土方碾压设备:一般情况下,黄土路堤应选择15t以上的重型压路机。当采用振动式压路机时,配合以静碾光轮压路机可弥补表层密度不够的缺陷。拖式凸轮振动压路机集中了振动压路机与羊角碾的优点,在黄土路基的压实作业中,适用性强,压实质量好。

(4)补压设备:对于高填土路堤及湿陷性较为严重路段,采用强夯法比较经济;而对于大面积的黄土路基应选择冲击压实法来处理。

(5)其他辅助设备:洒水车。

2)材料准备

(1)应对土样的湿陷性、适用性、含水率及时进行检测。施工时,应密切关注含水率的损失,含水率控制在3%~-2%较好。

(2)如取土场天然含水率低于施工要求含水率范围,则可在取土场表面修筑网状水渠,浇水使其均匀渗入土中(12h渗透深度可达1m),若干天后即可使用。

(3)浸水路堤不得采用黄土填筑;老黄土不得作为路床填料。

3)作业条件

(1)挖方边坡顶以外50m范围内、路堤坡脚以外20m范围内的黄土陷穴应进行处理。对于串珠状陷穴应在其发源地点进行封填,并节排周围地表水。陷穴表面的防渗处理厚度不得小于300mm,并将流向陷穴附近的地面水引离。

(2)对路基红线外20~30m范围内的地表裂缝、积水洼地,分别整平夯实,同时做好排水,以避免黄土陷穴继续发育。

(3)施工前应整体对临时性排水系统进行规划,与永久性排水系统相协调。对地表水采取拦截、分散、防冲、防渗、远接远送的原则,将危及路堤稳定性的水源迅速引离路基。截水沟远离坡顶10m以外,断面不得过大,其出水口远离路基50m以外。

4.3.3 施工要点

(1)工艺流程(图4-7)。

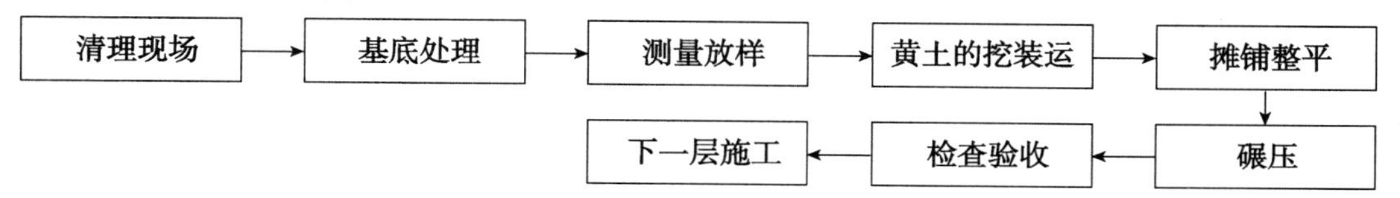

图4-7 黄土路基施工工艺流程

(2)清理现场。

详见本分册2.4节要求。

(3)基底处理。

①如基底为非湿陷性黄土,且无地下水活动时,可按一般黏性土地基进行基底处置,同时做好两侧施工防排水措施。

②如地基为湿陷性黄土,应采取拦截、排出地表水的措施,防止地表水下渗,减少地基底层湿陷性下沉。

③如地基土层具有强湿陷性或较高的压缩性,且容许承载力低于路堤自重压力时,应考虑地基在路堤自重和活载作用下所产生的压缩下沉,除了采取防止地表水下渗的措施外,还应对路堤基底、坡脚外3~10m范围内的基底采取必要的措施,如重锤夯实、石灰挤密加固、重机碾压、换填土等,提高土层承载力。

④对于高填土路堤,应采取普通压实和强夯法相结合的措施来进行地基加固。

⑤路堑施工中,当挖到接近设计高程时,应对相当于上路床部分的土基整体强度和压实度进行检测。如路堑路床土质不符合设计规定,则应将其挖除,挖除厚度视道路等级而定,高等级公路应挖除50cm,其他公路可挖除30cm。如路堑路床密度不足,而土质符合设计要求的,则视其含水率情况,经洒水或翻松晾晒至要求含水率后,再进行整平碾压至规定压实度。

(4)测量放样。

由于黄土填筑路基压实较难,所以控制每层的填筑质量对保证整个路基工程具有重要影响,在施工中应加强层厚的控制。在一定施工段落内的路基边缘,设置高程控制杆检查控制填筑层数和施工高程。

(5)黄土的挖、装、运。

(6)摊铺整平。

①摊铺时应先用推土机或装载机初平,再用平地机精平,初平与精平应同步穿插进行,以节约时间、减少水分损失。在精平后,检测其松铺厚度是否与试验段确定的松铺厚度吻合,在确认一致后准备开始碾压作业。

②黄土路堤填筑时,应做好填挖界面的结合(纵向),清除坡面杂草,挖好向内倾斜的台阶。如结合面陡立,台阶无法成型,可采用土钉加强结合。

③摊铺宽度应考虑工后沉降的影响,高填路基工后沉降可达1%~2%,故应预留宽度。

(7)碾压。

①如土质含水率过大,可翻松晾晒至需要的含水率再进行碾压,也可掺入适量石灰处

理,将土灰拌匀,其最大干密度通过击实试验确定。

②黄土含水率过小,一般应在土场处理。最好傍晚在现场均匀洒水加湿,第二天采用人工或双轮双铧犁反复拌和,及时整平补压,使得土体各部分含水率均匀,从而达到补水的目的。

③大于 10cm 的块料,必须打碎。摊铺厚度应控制在 25~30cm,上路的土应及时碾压,洒水后的土达到最佳含水率时也应及时碾压。

④施工作业含水率大于最佳含水率 3%时最适宜大面积作业,连续碾压成型,一次性压实到位,每个作业段长度根据土方机械、碾压机具配套及数量而定,一般以 70~100m 长度为宜。

⑤参考压实方案:先用 CA25 自行式钢轮压路机静压一遍,再由 YZT16K 拖式凸轮振动压路机振动碾压 5~6 遍(94、96 区),由洒水车洒水 1 遍,平地机再次整平,再由 CA25 光轮振动压路机碾压 2 遍,路肩处应多碾压 1 遍,最后静压 1 遍。93 区碾压时,YZT16K 压路机可碾压 4 遍。

⑥在每层施工前,应注意上土前在压实的原地面或填筑层上洒水湿润,这样做可防止上层接触填筑土的水分损失,也可防止施工车辆对填筑层的破坏,减少粉尘污染环境。

⑦为处理路基填挖交接处路基的不均匀沉降问题,待路堤填筑到距设计高程 2m 的高度时,对填方与挖方各 20m 范围内的路基施以强夯。对沟底设有涵洞的路堤强夯时,容易造成涵洞沉降与早期破坏,因此要求强夯位置距离涵洞的位置不小于 10m。

⑧冲击压路机压实有效深度能达 1m 以上,一般合理的压实遍数在 12~15 遍,路基压实度可以提高 2%~3%。对于一般的湿陷性黄土路基,可采用 25kJ 冲击压实机进行冲击压实。

⑨黄土地区冲沟发育,对于冲沟,用自卸车倒土至冲沟沟边,用推土机向沟下推,下面用装载机布土,推土机和人工整平,用凸轮振动压路机碾压不少于 8 遍,压实层厚控制在 20cm 以内。当大沟填到一定厚度,可将原施工便道进行修整,使其纵坡小于 10%,自卸汽车直接开到沟下卸土。

(8)检测验收。

(9)质量控制要点和监理要点。

①及时判别土样的湿陷性。

②在施工中为防止和减少水的蒸发,上路的土应及时碾压。

③当检查压实度不合格后再复压,增加碾压遍数或加大压路机吨位,会造成表面 2cm 左右土质干裂成粉,继续碾压裂缝深度加深,将造成更大的分散。

④施工作业面的自然地表水,应迅速排出作业面,路拱偏大为好。

⑤黄土路堑边坡,应严格按设计坡度开挖,如设计为陡坡时(如 1:0.1),施工中不得放缓,以免引起边坡冲刷。

⑥发现边坡有变形迹象,不能随意刷方,应采取应急减载措施,并综合考虑处理措施。

⑦为防止临时性土边沟因雨水造成堵塞、边坡和坡脚发生水毁,边沟应在雨季前砌筑片石或混凝土预制块,出口应加固,并尽量通过排水沟将边沟水引入远离路基坡脚之外的

天然河流。

⑧边坡支挡工程施工，应挑槽开挖基坑，边挖边修，随时增加支撑力。

⑨下排水构造物与地面排水沟渠必须采取防渗措施。

⑩施工便道和现场必须洒水，防止起尘，消除粉尘对环境的污染。

⑪黄土弃土场特别容易发生冲刷，防水土流失措施应稳固、同步。

4.4 季节性冻土路基

4.4.1 技术准备

(1)施工方案。

路基施工前，除进行施工放样测量外，应根据路基施工具体对象(特别应核查路基填挖高度)，土的天然含水率、冰冻条件，填筑材料等因素制订施工技术方案。选择施工机械、设备，并根据路堤填方料来源，挖方土层地质分布及挖方土的利用与废弃等情况，结合合同工期要求编制合理的施工技术方案。

(2)路基施工前应详细检查、核对纵横断面图，并进行实测放样。发现问题必须进行书面澄清并报请并监理确认。

(3)机械开挖路堑时，应在边坡坡顶设标志标明挖深，并在挖方边外有必要的安全距离处设置能够控制路基高程的控制桩，其间距不得大于50m。填方路堤应放出坡脚线桩。

(4)施工人员进行岗前培训，全面掌握季节性冻土地区路基施工的特点。现场施工技术人员对作业人员进行深入、全面的技术、质量、安全交底。

4.4.2 设备、材料与作业要求

1)主要设备与机具

(1)挖掘机、推土机、装载机、平地机、铲运机、压路机、水车、自卸汽车等。

(2)一般工具：铁锹、手推车等。

(3)测量设备：水准仪、全站仪、坡度尺、钢卷尺、皮尺、放样线绳等。

2)材料准备

(1)路基上部受冰冻影响的部位应选择水稳性、冻稳性好的填料进行填筑。

(2)对填料应进行相关试验，符合要求后方可采用。

3)作业要求

(1)施工便道畅通。

(2)试验路段200~300m已完成，施工机具组合、填方材料试验、压实工序、遍数已确定，监理工程师已批准。

4.4.3 施工要点

1)工艺流程

(1)挖方路基工艺流程(图4-8)。

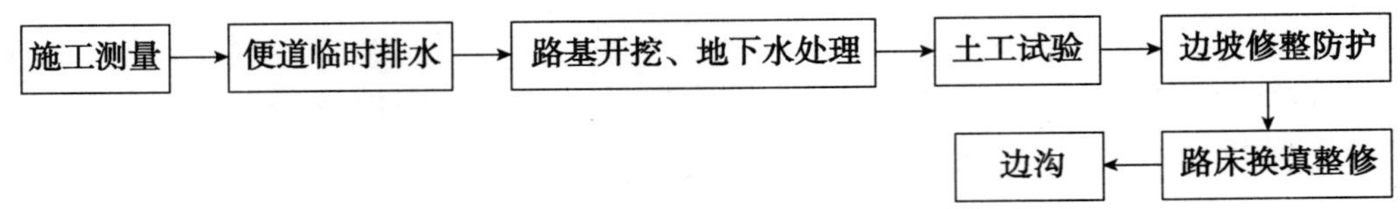

图 4-8　挖方路基工艺流程

(2)填方路基工艺流程(图 4-9)。

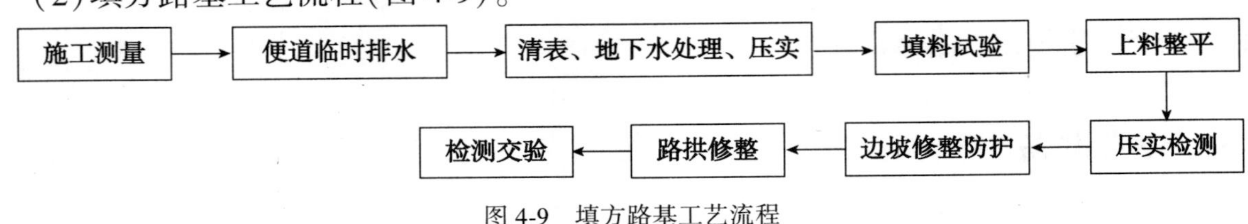

图 4-9　填方路基工艺流程

2)实施要点

(1)挖方路基。

①挖方路基必须按设计文件要求做好抗冻施工。

②施工时应最大限度地保护生态环境、保护植被。

③必须做好施工阶段排水和永久性排水;土方挖方过程必须阻止边界外的水流入路基中,应经常疏通排水边沟,提前填筑拦水埂,填平坡顶冲沟和凹坑;地下排水构造物应于路基挖至接近设计高程时施工,严禁路基完成后开挖。

④施工开挖必须分层进行,先挖出排水沟,层面应有纵横排水坡。应从外侧向内侧挖掘,最后一层应从内向外挖掘,避免重车在挖完的路床上反复行驶。

⑤挖方路基处于不良地质地段时,应按设计要求妥善处理。

⑥挖方路基路床换填深度、换填材料应满足设计要求;采用石灰水泥处理填料时,应拌和均匀,改性剂的剂量应由试验确定。

(2)填方路基。

①基底处理:水文地质不良、湿软等地段,应按设计要求进行处理,并达到规定压实度。

②填方路基的排水,施工前应认真了解地形及水文地质情况,从路堑到路堤必须修建过渡边沟并无阻塞现象;各层填土应有路拱,使表面无积水。

③集中设置取土场时,应选用水稳性良好的填料填筑路基;路基上部受冰冻影响部位,应选用水稳性和冻稳性均较好的粗粒土;冻土、非渗水性过湿土、腐殖土禁止用于填筑各层路堤;压实时的含水率应控制在最佳含水率±2%范围内。

④非全冻路堤在冻深范围内的填土。

A.冻胀性不同的土质必须分层填筑,且抗冻性强的土应填在高层位。

B.冻深范围内的填土严禁混杂,同一土质压实厚度不宜少于 0.6m。

C.同一层土的含水率应一致,最大允许偏差 2%。

D.同一层填土的压实度必须均匀一致,允许偏差 2%。碾压前应用平地机整平,用 3m 直尺检查,平整度允许偏差 20mm。

E.填土期间每层顶面应保持不小于 2.5%的排水横坡。

⑤全冻路堤施工开始前,必须于路基两侧挖出排水沟或边沟,应结合永久性排水先做

渗沟、渗井等地下排水设施才能进入后续施工。

⑥分层开挖时,作业面必须相互错开,严禁重叠作业,坡面上的松动土、石块必须及时清除,严禁在危土、石下方作业、休息及存放机械、工具。

4.5 粉煤灰(填方)路基

粉煤灰是指燃煤发电厂排出的湿排灰(池灰)和调湿灰(干灰掺水调湿)的硅铝型低钙粉煤灰。粉煤灰填方路基主体,一般由隔离层、粉煤灰填方主体、黏性土包边护坡和黏性土封顶层等组成。一般会在护坡上设置盲沟。

4.5.1 技术准备

(1)路基施工前,技术人员应在全面熟悉设计文件和设计技术交底的基础上,进行现场核对和施工调查,发现问题应及时根据有关程序提出修改意见报请变更设计。

(2)粉煤灰路基具有不同于土石路基的特性,必须按照设计文件要求,根据人员、设备、材料准备情况,认真编制切实可行的施工组织设计,并报现场监理工程师或建设单位批准。

(3)开工前工地试验室应进行必要的室内试验,掌握粉煤灰材料的工程特性。

(4)通过试验段施工确定适合的粉煤灰松铺系数、压实遍数、各种机械设备的数量以及最佳组合形式等各种技术指标,为大面积施工提供技术参数。认真编写试验路段开工报告。

(5)应按设计要求做好粉煤灰与混凝土结构、金属结构物等接触界面的防护。

4.5.2 设备、材料与作业要求

1)主要设备

(1)运输机具:自卸汽车、装载机、挖掘机、洒水车或其他洒水设备。

(2)摊铺、平整、压实设备:推土机、平地机、20~50t 的中型和重型振动压路机或自行式、拖式羊角碾等。

2)材料准备

(1)用于高等级公路路堤的粉煤灰,烧失量应小于 20%;烧失量超过标准的粉煤灰应做对比试验,分析论证后采用。

(2)粉煤灰的粒径,在为 0.001~2mm,小于 0.075mm 的颗粒含量应大于 45%;粉煤灰中不得含团块、腐殖质及其他杂质;粉煤灰的烧失量不大于 12%。

(3)粉煤灰的颗粒组成以及最大干密度与最佳含水率有显著差别的灰源应分别堆放、分段填筑、分别检测。

(4)包边土和顶面封层的填料,应采用塑性指数不小于 12 的黏性土。隔离层和土质护坡中的盲沟所用的砂砾料、矿渣料等,最大粒径应小于 75mm,4.75mm 以下细料含量小于 50%,含泥量小于 5%。

(5)粉煤灰含水量的调节应在堆场或灰池中进行,过湿的粉煤灰应堆高沥干,过干的粉煤灰应在使用前 2~3d 洒水闷料,视运输距离和气候条件将含水率调节到略高于最佳含水

率范围。

3)作业要求

(1)按照设计文件,恢复路基中线,定出路基坡脚、护坡道及边沟等具体位置,以便清理现场和施工。

(2)根据施工现场的具体情况,有条件时选择合适的粉煤灰堆放场。

(3)施工前,应截断流向路基作业区的水源,并应在设计边沟的位置上开挖临时排水沟,保证施工期间的排水。

4.5.3　施工要点

1)工艺流程(图4-10)

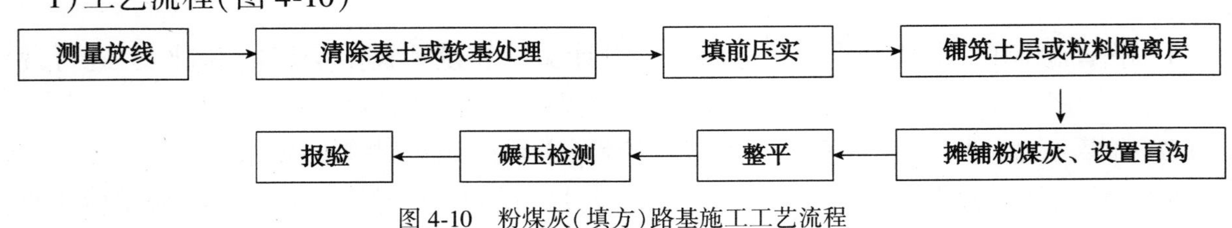

图4-10　粉煤灰(填方)路基施工工艺流程

2)施工工艺

(1)铺筑土层或粒料隔离层。按设计要求铺筑土层或粒料隔离层,隔离层横坡不得小于3%,碾压应达到路基施工技术规范要求的压实度。

(2)摊铺首层粉煤灰、设置盲沟。温度在0℃以上方可施工,并避开大风季节。

摊铺前应先测量放样,画出路基边线、土质护坡界限、盲沟的位置等。粉煤灰路基采用水平分层填筑施工,当分成不同作业段填筑时,先填路段应分层留台阶,使每个压实层相互重叠搭接,搭接长度应不小于150cm,保证相邻作业段接头范围内的压实度。

土质包边土应与粉煤灰填筑同时进行。

根据试验和经验确定的松铺系数在路基中心、路基边缘等处设置松铺厚度控制桩,使用白灰或其他标志明显的颜色在路基上打格,根据格的面积、压实厚度、压实密度、每车粉煤灰的质量、粉煤灰的含水率等数据计算并严格控制布料的数量,避免摊铺后补料或超厚。

不同施工方法的松铺系数参考值如下:

人工摊铺:1.5~1.7;推土机摊铺:1.2~1.3;平地机摊铺:1.1~1.2。

粉煤灰的含水率应在击实确定的最佳值至高于最佳值10%之间,并且应在灰场调节后再运到路基直接摊铺碾压,以达到提高工效之目的。

(3)平整、碾压。粉煤灰路基施工过程中,应时刻注意测定和估计出其含水率变化情况,灵活控制粉煤灰原始含水率。为提高工效,粉煤灰应采用履带式推土机摊铺,摊铺后必须及时碾压,做到当天摊铺,当天碾压完毕。粉煤灰路基应分层填筑,分层碾压,应采用振动压路机碾压。压实厚度、压实遍数等,应通过试验段施工确定。

碾压顺序应遵循先低后高的原则,直线段由土质护坡向路中心碾压,曲线段由弯道内侧向外侧碾压。稳压时采用1挡(1.5~1.7km/h)、振动碾压时用2挡(2.0~2.5km/h),碾压轮迹应相互搭接,后轮必须超过两端的接缝。

对于道路局部不能使用压路机碾压的边角地带，应使用小型振动压路机或冲击式夯实机进行碾压夯实并达到规定的压实度。铺筑上层时，应采取洒水润湿、控制卸料车行驶路线、速度、掉头、紧急制动等措施，防止压实层松散。

暂时不能及时铺筑上层粉煤灰时，除特殊情况外，禁止车辆通行，并洒水润湿，防止表面干燥松散。施工间隔较长时，应在路堤顶面覆盖适当厚度的封闭土层，并压实，横坡宜稍大于路拱。

当铺筑至粉煤灰路堤顶层时，应及时按设计要求做封闭层。

(4)雨季施工应适当缩小作业面，采用随摊铺随压实的方法，尽量做到当天施工当天完工，并保持施工便道畅通，应及时挖好临时排水沟，排除表面积水。在北方，冬季不得施工粉煤灰填筑路基。

3)质量控制要点与监理要点

(1)路基工程质量按表4-2要求进行施工控制与管理。

质量控制的项目、频率和质量标准 表4-2

项次	项　　目	频　　率	质量标准	备　　注
1	含水率	发现异常时随时测定	在最佳含水率允许范围内	酒精法、烘箱法、核子仪法
2	碾压检查	随时全面检查	无明显轮迹、无湿软、弹簧现象产生	—
3	填筑厚度	每100m每层设一个控制断面	符合规定的填筑厚度	使用控制桩或标尺，刨坑检测
4	压实度	每200m每层检查4处， 每200m护坡检查2处	不低于设计规定的压实度	环刀法、灌砂法、核子仪法
5	护坡宽度	每200m测量2处	不小于设计宽度	钢尺丈量

(2)各等级公路粉煤灰压实度标准，见表4-3。

粉煤灰路基压实度 表4-3

填料应用部位 (路床顶面以下深度，m)		压实度(%)	
		二级及二级以上公路	其他等级公路
上路床	0.0~0.30	≥95	≥93
下路床	0.30~0.80	≥93	≥90
上路堤	0.80~1.50	≥92	≥87
下路堤	>1.50	≥90	≥87

注：1.表列压实度以现行《公路土工试验规程》(JTG E40—2007)重型击实试验法为准。
2.特别干旱或潮湿地区的压实度标准可降低1%~2%。
3.包边土和顶面封层压实度应符合一般土质填方路基的规定。

(3)阴雨天气，当土质护坡高出粉煤灰路基顶面时，应及时挖好护坡临时排水沟，排出路基的积水，以免影响上层建筑。对于湿软的局部地方，应采取翻晒与挖换处理。

(4)经检验达到要求压实度的粉煤灰路基，不能及时铺筑上层时，应禁止或限制车辆行驶，并适量洒水润湿，防止表面干燥松散。

(5)当粉煤灰路基因故较长时间不能继续施工，应进行表层覆土封闭并碾压密实，做好路拱横坡,以利表面排水。

(6)调节粉煤灰含水率应在储灰场或灰池中进行。

(7)储灰场地应排水通畅,地面应硬化。大的储灰场应设置雨水沉淀池。堆场应安装洒水设备,防止干灰飞扬。

(8)施工垃圾堆放到固定地点并及时消纳,污水排放应实行封闭管理,尽可能地接入当地污水排放系统。

4.6　煤矸石路基

内蒙古自治区是产煤大省。煤矸石是煤炭生产和加工过程中产生的固体废弃物,煤矸石长期堆存,占用大量土地,污染环境,还有可能造成自燃,污染大气和地下水质。在公路路基建设中使用煤矸石,不仅可解决煤矸石占用土地、污染环境的问题,而且还可以节省大量土方,减少工程取土对沿线农田的占用,符合建设“两型社会”的要求。

4.6.1　技术准备

(1)施工前,应根据复测后的导线点和水准点进行中桩、边桩测量和原地面高程复测,核对施工图纸中原地面高程。

(2)熟悉施工图纸及地形、地貌资料,编制单项施工组织设计,向施工技术人员进行深入、全面的书面一级技术交底和安全交底。

(3)试验段施工前,对施工人员进行深入、全面的二级技术、安全交底,确保施工过程的工程质量和人身安全。

4.6.2　设备、材料与作业要求

1)主要设备

(1)取土设备:挖土机 1 台。

(2)运输设备:自卸车 10 辆/3km。

(3)整平设备:120 型或 140 型推土机 1 台,180 型平地机 1 台。

(4)碾压设备:18t 振动压路机一台,22t 振动压路机或大吨位碾压设备(拖振等)1 台。

(5)其他设备:洒水车 1 台,0.3m^3或 0.5m^3装载机 1 台。

2)材料准备

(1)试验室、材料部门调查矿源,按图纸要求,主要对各矿煤矸石的粒度、液塑限、击实特性、自由膨胀率、压碎值进行检测、分析,确定其原材料质量符合相应标准。

(2)确定煤矸石的最大干密度和最佳含水率。根据现行《公路工程无机结合料稳定材料试验规程》(JTG E51—2009)的要求,进行超尺寸颗粒的校正。

(3)煤矸石主要属于沉积岩,除含有较低的炭外,其主要矿物成分是伊利石、高岭石等黏土矿物,以及石英、云母、长石及少量的碳酸盐和硫铁矿,具有膨胀性,有必要对膨胀率进行检测。

(4)煤矸石中含有许多开采附属物,这些杂物应剔除。

(5)煤矸石应采用硬质煤矸石,且存放5年以上,严禁使用泥结煤矸石。

(6)包边土必须选用合格黏土,严禁使用膨胀土。

3)作业要求

(1)一般矿源离高速公路较远,需经过地方道路,开工前应与地方交通部门协商,准许通行。

(2)施工作业人员要求:应由工长或现场技术人员对操作人员进行培训和技术、安全交底,熟悉开挖、运输、平整、碾压与土方工程的不同之处,熟练掌握煤矸石的工艺流程。机械手必须具备安全防护意识。

(3)选取100~200m长具有代表性的路段作为煤矸石路基填筑试验段,以检验压路机碾压遍数等施工机械组合,检验施工方法和检测效果;获取路肩土和煤矸石的分层松铺系数以及有效压实厚度,并编写试验段总结报告,报监理工程师批准。

4.6.3 施工要点

1)工艺流程(图4-11)

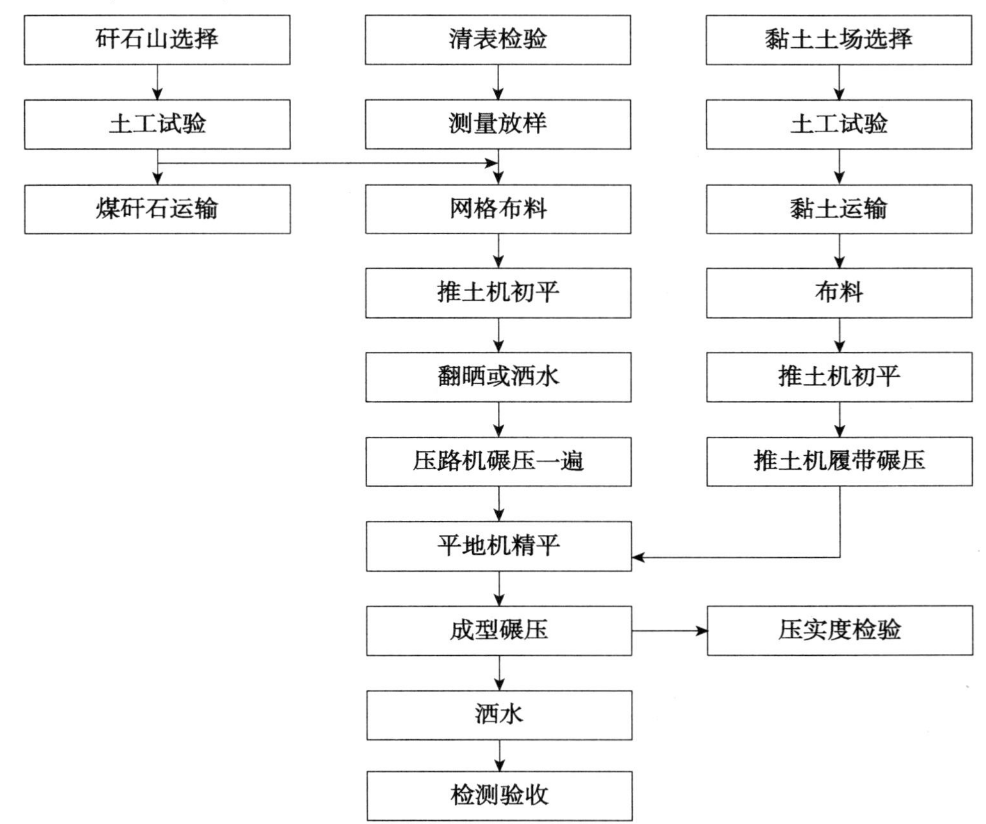

图4-11 煤矸石路基施工工艺流程

2)操作方法

(1)清表。先用装载机或推土机将占地范围内地表的农用表土、腐殖土、草皮等杂物全部清除,平地机刮平,18t压路机碾压,压实度要求达到85%以上,然后静压1遍。

(2)施工放样。恢复路基中线,每20m设一中桩,并放出包边土与煤矸石临界线及路基边线，边线为设计坡脚线外 0.3~0.5m 处。

（3）试验段。在正式施工前，应拟定试验段方案，做好试验段，以确定施工工艺、松铺系数、机械配备、人员组织、压实遍数等。

（4）包边土施工。每层填筑前，根据设计图纸要求的宽度，先行施工包边土。上料后，采用推土机平整，并用推土机履带碾压 1~2 遍。将包边土与煤矸石的交接线用石灰画出，再用推土机将伸入煤矸石部分的黏土推掉。

（5）煤矸石布料、摊铺、预压。在已上完包边土的路基上，用石灰画出一辆自卸车所能布料的面积方格，按照试验段确定的松铺系数进行上料，采用推土机粗平。整段路基粗平后，再用 18t 压路机碾压 1~2 遍，将表面外露的大块煤矸石压碎，有利于平地机平整，保证碾压成型后，表面光洁、密实。

（6）平整、碾压。用平地机进行整平，包边土与煤矸石一起平整。整平时应从外向内平整，防止刮出的大块煤矸石集中在包边土与煤矸石交接处或刮出路基，同时应保证横坡 2%~4%，有利于雨天排水。

第一遍稳压应用 18t 振动压路机静压，然后用 20t 以上或其他大吨位振动压路机振碾 5~7遍，再用 18t 振动压路机静压一遍。

（7）洒水养生。煤矸石压实后，具有一定的强度，洒水养生可提高路基整体强度，路基弯沉小，使用寿命长。此外，可防止煤灰扬尘，污染环境。

3）技术要点

压实度超百是煤矸石填筑的一个非常明显的现象，但经过超尺寸颗粒的校正后，灌砂法检测压实度可作为煤矸石路基检测的方法，超百点只是个别点。

（1）超尺寸粒径校正。

①击实试验取样与路基施工填料存在差异。填料中粒径大于 40mm 的煤矸石石块含量过多，而击实试验采用 40mm 以内的煤矸石，最大干密度相对偏低。击实试验的击实标准不能体现实际填料的击实标准，按此击实标准计算的压实度肯定有超百现象，所以必须对超尺寸粒径进行校正。

②5~40mm 颗粒含量与干密度关系曲线不能完全体现两者之间的关系。由于击实过程中部分大颗粒煤矸石击碎，故在击实试验后比击实试验前的 5~40mm 颗粒含量减少，造成击实试验结果的最大干密度相对偏低，所以校正后还有可能出现超百现象，但其影响可忽略。所以，通过超尺寸颗粒的校正后，采用灌砂法检测压实度能够反映煤矸石路基压实效果。

（2）表面松散、不平整。压实后的路基表面，常会出现轮迹、松散、坑槽、翻浆，压路机稳压后，埋有超粒径处凸出，其周围无法压实，会有平整度差等现象。煤矸石摊铺后，局部级配较差，细料少、集料集中，碾压后表面不密实、松散；或者细料多、集料少，碾压后表面浮灰多，平整度差。还可能造成压实系数不同，碾压后平整度差。可采取以下有效措施：

①选择超粒径少、级配良好的矸石山，从煤矸石山装料开始控制，挖掘机装料时选择超粒径少或级配良好的煤矸石。

②填筑下部路堤时，横坡稍大以利于排水；稳压后应采用细料将表面空隙填实；包边土

应与煤矸石同时碾压，并达到压实度要求。

③注意拣除超粒径煤矸石或开采附属物，推土机初平、平地机精平过程中仍发现有超粒径煤矸石块时，必须派专人将其挖出，装载机配合，集中堆放，清理出场，保证大粒径煤矸石块不超过层厚的2/3。

④煤矸石含水率偏大时，路基会出现“弹簧”现象，应及时进行翻晒或换填处理。在天气干燥的情况下，路基表面应经常洒水并压实，防止“浮土”现象的发生。

⑤平地机精平时纵向从路两侧向中心刮平，避免煤矸石与包边土结合处集料集中。采用压路机先碾压1~2遍，使表面部分粗颗粒被碾碎后用平地机精平。

(3)路基与边坡整修。封顶层采用素土填筑，厚度应控制在200mm，严格控制高程、横坡、平整度、压实度。对边坡自上而下刷坡，不得超刷。若需修补边坡，应挖成台阶，分层碾压夯实。

4)质量控制要点和监理要点

(1)在路基用地和煤矸石矿源范围内，应清除地表植被、杂物、淤泥等，严禁用煤矸石处理坑塘，应按设计要求进行处理。

(2)煤矸石填料应符合设计规定，经过认真调查试验后合理选用。

(3)煤矸石路基必须采用“三分法”施工，即分层填筑、分层碾压及分层检测压实，每层表面平整，路拱合适，排水沟良好。

(4)煤矸石路基实测项目可参考表4-4，并结合具体工程项目和相关技术规范要求实施。

煤矸石路基实测项目表 表4-4

<table>
<tr><th rowspan="3">项次</th><th rowspan="3" colspan="3">检查项目</th><th colspan="3">规定值或允许偏差</th><th rowspan="3">检查方法或频率</th></tr>
<tr><th rowspan="2">高速公路、一级公路</th><th colspan="2">其他公路</th></tr>
<tr><th>二级公路</th><th>三、四级公路</th></tr>
<tr><td rowspan="5">1</td><td rowspan="5">压实度(%)</td><td rowspan="2">零填及挖方(m)</td><td>0~0.30</td><td>—</td><td>—</td><td>94</td><td rowspan="5">按检评标准《公路工程质量检验评定标准 第一册 土建工程》(JTG F80/1—2004)附录B检查
密度法：每200m每压实层测10处(封顶层压实度)</td></tr>
<tr><td>0~0.80</td><td>≥96</td><td>≥95</td><td>—</td></tr>
<tr><td rowspan="3">填方(m)</td><td>0~0.80</td><td>≥96</td><td>≥95</td><td>≥94</td></tr>
<tr><td>0.80~1.50</td><td>≥94</td><td>≥94</td><td>≥93</td></tr>
<tr><td>>150</td><td>≥93</td><td>≥92</td><td>≥90</td></tr>
<tr><td>2</td><td>弯沉(0.01mm)</td><td colspan="5">不大于设计要求值</td><td>按检评标准《公路工程质量检验评定标准 第一册 土建工程》(JTG F80/1—2004)附录I检查</td></tr>
<tr><td>3</td><td>纵断面高程(mm)</td><td colspan="2">+10,-15</td><td colspan="3">+10,-20</td><td>水准仪：每200m测10个断面</td></tr>
</table>

续上表

项次	检查项目	规定值或允许偏差			检查方法或频率
		高速公路、一级公路	其他公路		
			二级公路	三、四级公路	
4	中线偏位（mm）	50	100		经纬仪：每200m测10个点
5	宽度（mm）	符合设计要求			米尺：每200m测10处
6	平整度（mm）	15	20		3m直尺：每200m测4处×3尺
7	横坡（%）	±0.3	±0.5		水准仪：每200m测10个断面
8	边坡	符合设计要求			尺量：每200m测10处

注：煤矸石材料填筑路基的压实度，应按试验段的压实效果检验压实层厚度和压实遍数，以填石路基压实要求检测。

（5）煤矸石山具有与煤山相近的性质，开挖前应适量洒水，防止日晒高温、扬尘，甚至自燃现象。

（6）煤矸石具有膨胀性，根据设计图纸要求，必须采用黏土包边，包边宽度一般在1.8~2.0m。黏土包边可防治水土流失、污染环境，也有利于坡面种植。

4.7　沙漠（风积沙）路基

4.7.1　一般规定

（1）风积沙及沙漠地区路基清理时，不得随意破坏路线两侧植被和地表硬壳，注意保护沙漠环境。

（2）路基施工应遵循边施工边防护的原则，选择沙漠中能自由行走的机械。如履带式推土机、履带式铲运机和前后轮驱动的振动压路机，禁止使用羊角碾进行压实。

（3）取土坑应合理布设，减少对植被和原地貌的大面积破坏，取料结束后应整平，恢复原有植被。弃土应根据实际地形，弃于背风侧低洼处。

（4）风积沙填料应不含有机质、黏土块、杂草和其他有害物质等。路堤填筑宜采用水平分层填筑方式，按照横断面全宽推筑。

（5）挖方深度大于2m的路基两侧及半填半挖路基两侧宜加宽1~2m，流动沙漠路基边坡按设计图纸要求整平坡度，并进行固沙处理。

（6）沙漠地区路基工程，应推行机械化施工，抓住有利施工季节，集中调配劳力机具，优化组合，连续施工。

（7）风积沙填筑路基也可采用水坠碾压法分层填筑。采用水坠碾压法施工最大松铺厚度不得超过 30cm，填料表面水头高度应保持在 20cm 以上。

(8)确定风积沙最大干密度的试验方法分为干振法和饱水振动法。风积沙路基应检测压实度和固体体积率。

(9)风积沙路基完工后，应及时在路基顶面铺筑封层。

4.7.2　技术准备

(1)通过对气温、降水、蒸发、湿度、风的状况等内容的调查，了解沙源、地貌、成因、沙丘移动规律，以便针对气候条件，合理组织安排施工。

(2)对沙漠地貌和指示性植物可寻找砾石、卵石、碎石、黏性土等材料的产地，确定材料的储量和运距。此外，还应调查麦草、稻草、芦苇、沙篙、岌艾草等来源、储量和运输条件，以备路基防护时使用。

(3)沙漠地区工程用水与生活用水一般比较缺乏，往往需要寻找地下水作为水源。寻找方法除可采用调查访问外，还应采用注意地貌、第四纪地质与植物学的方法来展开调查。如在被流沙埋没的古代耕作区，地下水位一般比较浅。

(4)组织测量人员进行导线点的交接及施工用控制点的布设工作，特别注意保护所有标志桩、点，防止被风刮倒或沙埋。

(5)应遵循边施工边防护的原则，土方施工、防护工程、防沙工程应配套完成。

4.7.3　设备、材料与作业要求

1)主要设备

流动性沙漠地区，应采取高效且具有一定防风沙性能的施工机械。路基填挖应完成一段、防护一段，确保路基的强度与稳定；施工机具应根据施工组织设计进行准备。施工机具包括装载机、挖掘机、运输汽车、推土机、平地机、各类压路机及洒水车。

2)材料准备

(1)施工用土场应经过选择，用于路基填筑的填料应符合公路工程路基填料的规定，各项指标应满足要求。

(2)用于路基的各类材料应满足要求，各项指标应经过试验检测，合格后方能用于施工。如用于防护工程的沙、石、水泥和其他土工材料。

3)作业要求

(1)清表：清理现场保证路基填筑作业的条件得到满足。地表清理时，不得随意破坏路线两侧植被与地表硬壳，注意保护沙漠环境。

(2)试验段：根据施工组织设计中所编制的施工技术方案进行试验段施工，以验证施工技术方案的可行性并进行总结而用于施工指导。试验段长度应至少大于 200m。

4.7.4　施工要点

在风沙地区筑路，为防止沙害应采取边施工边防护，分段施工，一次完成的施工方法。对施工中未完成部分，应做好临时防护，以免风蚀与沙埋。

施工时应注意保护路两侧原有植被,不得随意损坏,必须破坏时,应及时加以防护,以免沙害蔓延。

施工季节应在夏秋两季,尽量避免在多风季节施工。

1)取沙和弃沙

(1)沙漠地区路基施工,以沿线两侧就近取弃为原则,取沙以沙丘为主,弃沙以沙窝为主。路线两侧取沙时,应尽可能控制在路基两侧 20m 平整带范围内,并与平整带施工相结合。为更好地治理道路两侧风沙,对主导风向路基上风侧约 400m,下风侧约 200m 进行线外固沙。

(2)路线两侧取沙坑深度小于 1m 以内时,可将路堤边坡延伸至取沙坑底一并防护;当取沙坑深度大于 1m 时,应在路堤坡脚与取沙坑之间设置宽度不小于 3m 的护坡道。护坡道应整平,其外侧边坡应修成缓坡。

(3)应尽可能以挖作填,减少弃方。弃方处理前,应提出弃方的施工方案报监理工程师批准后实施。

(4)确需废弃时,应纵向就近弃于路线两侧沙丘低洼地,并整平。当连续挖方较长(大于 100m)且挖方边坡高度在 2m 以内时,可就近横向弃于两侧堑顶的平整带内;挖方边坡高度大于 2m 时,2m 以下部分可用推土机或铲运机沿纵向运出。

(5)涵洞、通道及桥头附近不宜进行取、弃沙,确需取、弃沙时,应报监理工程师批准,并做好排水和防护,不得影响原有天然沟渠的排水功能或对路基安全造成不利影响。

(6)施工过程中,应根据施工季节、路堑横断面形状、纵坡、横坡等情况设置必要的排水设施,特别是在夏季暴雨较为集中时应防止雨水对路堤、路堑的冲刷。

(7)尽量采取有效措施保护路线两侧原有植被和地表硬壳。对因施工作业及取、弃沙等造成原地表植被破坏的部分,路基成型且边坡整理后,应采取柴草网格障蔽或黏土压盖等措施,对出露的新沙面及时防护,并撒播草籽,恢复植被。

2)填方路基

(1)填方路堤施工前的原地面处理一般规定。

①路堤修筑范围内,原地面的坑、洞、墓穴等,应采用风积沙或砂性土压实、回填。路堤基底为耕地、松沙或水塘时,清除干净后按规定分层碾压达到设计或规范规定压实度。

②对填方路堤地基应充分碾压,确保地表以下 30cm 范围内沙层的压实度符合规范要求。

③应做好原地面临时排水设施,并与永久排水设施相结合。排走的雨水,严禁流入农田、耕地;也不得引起水沟淤积和路基冲刷。

(2)采用风积沙填筑路堤时,不得夹杂黏土、植物及树根等杂质。若同时采用风积沙和土作填料时,必须分层填筑,不得分层间隔填筑,用土填料累计压实厚度不得小于 50cm。

(3)对风积沙路堤必须根据设计断面,分层填筑、分层压实。分层的最大松铺厚度应根据压实机械的压实功能确定。15t 以上自行式振动压路机碾压时最大松铺厚度不得超过 30cm;103kW(140 马力)以上推土机碾压时松铺厚度不得超过 25cm。

(4)用风积沙填筑路基附近取水方便时,也可采用水坠碾压法分层填筑。填筑时,每层最大松铺厚度不得超过 30cm。所设围堰每层应相互错开,填筑至路床顶面最后一层时应分段水坠,相邻段水坠重叠宽度应不小于 1m。填料表面水头高度应保持在 20cm 以上。

(5)当填方分几个作业段施工,两段交接处,不在同一时间填筑的,应将先填地段挖成宽度不小于 2m 的台阶;同一时间填筑的则应分层相互交叠衔接,其搭接长度不得小于 2m。

(6)桥涵及其他构造物处的填筑应遵守以下规定。

①回填工作必须在隐蔽工程验收合格后进行。

②桥涵通道处的填料,可采用风积沙水平分层回填。宜采用水坠碾压法施工,填料表面水头宜保持在 20cm 以上,分层最大松铺厚度不大于 30cm,用 103kW(140 马力)以上推土机碾压 4 遍或采用自重在 15t 以上的振动压路机碾压 3 遍。

③桥梁、通道两侧采用水坠碾压法的范围为沿路线纵向每端不小于 10m。涵洞、挡土墙等构造物处填料长度每侧不小于 3m。

④桥涵及构造物台背回填处理时,若采用小型压实机具,最大松铺厚度应根据机具类型通过试验路段施工确定。

(7)填方路堤完成后,应及时铺筑封层,并对边坡进行防护。

(8)工艺流程(图 4-12)。

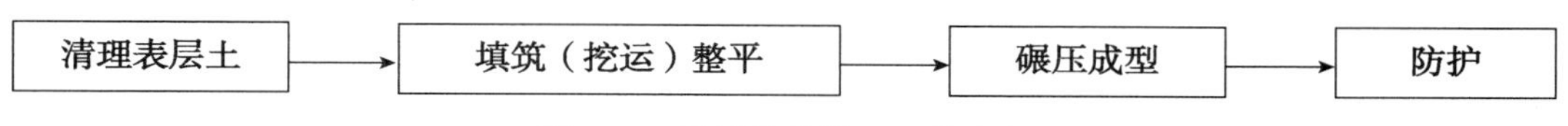

图 4-12　沙漠路基施工工艺流程

(9)清理表层土。在填方和借方的原地面应进行地表处理,处理深度应根据现场情况决定,清理出的腐殖土应集中堆放;当基底为非风积沙时,应按设计要求进行换填。风积沙填料应不含有机质、黏土块、杂草和其他有害物质。

(10)路堤填筑和路堑的挖运。路堤填筑应采用水平分层填筑方式,按照横断面全宽推筑。土工布横向搭接宽度应不小于 300mm,纵向搭接长度不小于 500mm,搭接部位应用有效方法连接。

土工布展铺好后,应采用振动压路机静压一遍,增强沙基表层密度,然后方可铺筑垫层。

(11)碾压成型。风沙地区用粉沙或细沙填筑路堤时,仍应分层压实,根据现场自然条件、沙的特性及水源分布等情况确定压实机械和压实方法。一般以机械振动压实为主,水坠沉实方法为辅。

沙区路基施工前,应对具有代表性的风积沙试样进行试验,确定出风积沙在干振、饱水状态下的最大密度值。施工中若发现沙的粒度、级配有变化时,应及时补做风积沙全部试验项目。

①最大干密度确定。确定最大干密度的试验方法,对于风积沙常用的有两种,分别是干振法和饱水振动法。

干振法:为满足沙漠路基压实质量控制的要求,通过此最大干密度作为风积沙在天然含水率状态下或洒水状态下控制路基压实的依据。

饱水振动法:未满足用风积沙填筑桥头、涵(通道)背、墙后的压实质量控制要求,通过此方法确定最大干密度，适用于水坠法加推土机、水坠法加振动压路机等分层压实风积沙的施工质量控制。

②压实标准。压实标准应满足现行《公路工程质量检验评定标准　第一册　土建工程》(JTG F80/1—2004)和设计文件要求。

压实工艺采用振动压路机在天然含水率或洒水状态下分层碾压，也适用于雨后风积沙的压实。

A.采用 15t 以上前后驱动振动压路机进行碾压，最大松铺厚度控制在 30cm，碾压时先慢后快，采用强振进行振动碾压。

B.压路机的碾压行驶速度开始时控制在 4km/h 以内；碾压时直线端由两边向中间，小半径曲线段由内侧向外侧，纵向进退式进行。前后相邻两区段应纵向重叠 2.0m 以上，达到无漏压、无死角，确保碾压均匀。

C.振动压路机进行碾压时，压实遍数控制在 6 遍以上，轮迹重叠宽度不小于 1/3，轮迹布满一个作业面为一遍。

③水坠法压实工艺。此方法适用于水源充足的路基填方路段和通道、桥头及其他构造物台背处采用水坠碾压法填筑时的施工工艺。

A.水坠碾压法施工可分为水坠加推土机碾压或水坠加振动压路机碾压两种方法，两种方法施工工艺相同。

B.推送填料：推土机从路基两侧或短距离内纵向调配风积沙推运至填方路段。

C.摊铺填料：对推运至填方路段内的填料采用推土机摊铺并整平，或采用推土机配合平地整平，推土机摊铺后每层厚度不超过 30cm。

D.围堰：在摊铺、整平好的路基上分段设围堰，设置围堰时应根据纵、横坡大小适当划段，长度不小于 10m，宽度不小于 5m。围堰高度不低于 30cm，宽度不小于 30cm。

E.灌水：围堰设置好后开始放水，灌水应连续进行，灌水时水流流速应大一些，沙基顶面上的水头高度控制在 20cm 以上。

F.碾压：水头高度保持在 20cm 的情况下开始碾压，采用推土机或振动压路机碾压，碾压时轮迹应重叠单轮宽度的 1/2，振动压路机重叠轮迹宽度的 1/3 以上。当轮迹布满整个作业面时为 1 遍。碾压遍数一般不小于 3 遍。

G.待沙基顶面多余水渗完后取样检测干密度，计算压实度和固体体积率等。压实度不合格时应重新水坠碾压，直到合格为止。

3)挖方路基

(1)挖方路基大于 2m 的路基两侧及半填半挖路段两侧路基应加宽 1~2m。

(2)流动沙漠路基边坡按设计坡度整平，并按设计要求进行固沙处理。

(3)开挖的适用于种植草皮和其他用途的表土，应堆积在指定地点。对适用于路基填料的材料，应单独堆放或直接用于路基填筑。开挖均应自上而下进行，如遇地质变化应及时报监理工程师。

(4)施工过程中发现风积沙层下部出现土质或其他材料时，应将上部风积沙全部挖除后再进行下部开挖。

(5)路堑开挖,根据路堑深度和纵向长度,选择开挖方式。

4)质量控制要点和监理要点

(1)风沙地区路基质量检验与验收应按现行行业标准《公路工程质量检验评定标准 第一册 土建工程》(JTG F80/1—2004)中的基本规定和行业标准《公路路基施工技术规范》(JTG F10—2006)中的规定执行。沙漠路基应采用振动压实机械进行碾压,其压实度可采用表4-5的规定。

沙漠路基压实度标准 表4-5

填挖类型		路床顶面以下深度(m)	压实度(%)	
			高速公路、一级公路	其他公路
路堤	上路床	0~0.30	≥95	≥93
	下路床	0.30~0.80	≥95	≥93
	上路堤	0.80~1.50	≥93	≥90
	下路堤	>1.50	≥90	≥90
零填方		0~0.30	≥95	≥93
		0.30~0.80	≥95	≥93

(2)临时防护:风沙地区路基施工,若当地风力较强或需在风季施工,应采取临时防护措施,凡当日不能完工地段,可对其坡面或坡肩加以覆盖,并用小木桩将覆盖的草席等钉牢,或用石块压牢。

(3)取、弃土坑设置:填方取土应根据风向情况选择取土坑位置,在单一风向地区,取土坑应设置在路堤下风一侧;在有反向风交替作用的地区,取土坑可设在路堤两侧,施工完毕后将其边坡修成缓坡,使其断面形成浅槽形。弃土应根据地形情况,弃于背风侧低洼处,并大致整平。

(4)废弃挖方处置:挖方材料应尽量使用,如需废弃,应弃于背风坡一侧的低地面或距路堑坡顶不小于10m处,并应预摊平以免引起积沙。路基两侧整平带外,路基上风侧防护带宽度为200~400m,下风侧防护带宽度为50~100m。防护带宽度内设置土工织物方格沙障或沙袋沙障防护。

(5)路基两侧清除障碍:对于地形开阔的风沙流地段,路基两侧30~50m范围内的小沙堆、弃土堆、小土丘等凡可引起积沙的障碍物都应予以清除、摊平。

(6)路基成型后当年不进行路面基层施工时,应在路床顶面铺一层粗粒土或砾卵石作为临时封层。

(7)采用天然砂砾或黏土等覆盖地表面时,粒径应不大于63mm。

(8)利用各种草类、截枝条全面铺压或带状铺草、平铺杂草固沙施工时,须用草绳或枝条纵横固结,或用砂砾压盖。

(9)草方格应纵横成行、线条清晰。栅栏设置应先于固沙方格或同步施工,路基两侧应同时施工,无条件时,可先施工迎风侧。

(10)施工前,应合理布置栅栏位置,原则上与固沙带之间有10~15m空余带,用于停积外侧来沙,切忌在落沙坡脚及丘间洼地等位置布设栅栏。

(11)防沙栅栏材料以原状芦苇为主,长度在1.5m以上,埋入沙中200mm,外露1 300mm。栅栏均为透风结构,疏透率一般为20%~30%。

4.8 膨胀土(砂化)路基

4.8.1 技术准备

室内土工试验:

(1)熟悉和分析现场施工的地址、水文资料,在不同土场、不同深度、土质变化时分别取土样,按现行《公路土工试验规程》(JTG E40—2007)规定方法进行粒度分析、含水率、密实度、液塑限、CBR试验和击实试验,此外还需做有机质含量和易溶盐含量试验。

(2)进行不同掺灰量压实试样的胀缩性及力学性试验,用以比较不同石灰含量对消除膨胀土胀缩性、改良力学性质的效果,包括重型击实、膨胀力、无压膨胀率、有压膨胀率、线缩率、收缩界限、压缩系数等。掺灰量以石灰质量与干土质量之比计算。

(3)通过试验确定弱膨胀土砂化效果较好时的掺灰量,另外对高液限弱膨胀土掺灰后土的塑性指数随龄期变化,以及掺灰后土的最大干密度、最佳含水率及有效的氧化镁、氧化钙随龄期的变化进行统计分析,绘制灰剂量衰减曲线,以便指导施工。通过试验确定图纸各种掺灰剂量达到相应压实度时的标准干密度、最佳含水率,以上试验成果均应报监理工程师批准后使用。

(4)编写弱膨胀土路基填筑施工组织设计,向有关人员进行深入、全面的书面和口头技术、安全交底。

(5)施工前对施工人员进行深入、全面的技术、操作、安全二级交底,确保施工过程的工程质量和人身安全;测量放线,恢复中线,放出路段边线桩,清理平整施工段地基表面,测量地面整平后的高程。

4.8.2 设备、材料与作业要求

1)主要设备

考虑到弱膨胀土难以压实的特点,选择大功率的压路机进行碾压对保证施工质量起着较大作用,其他挖、装、运、推平机械可根据实际情况进行调整。

2)材料准备

(1)生石灰质量标准采用Ⅲ级以上的生石灰,应在使用前7~10d进行充分消解并过筛,以便二次掺灰使用。对白灰质量的要求:在白灰送至工地后必须采样做钙镁含量试验,而后加水消解。

(2)在土场对弱膨胀土掺生石灰进行砂化,降低含水率和塑性指数,建立砂化台账。

3)作业要求

(1)下承层验收,做好排水系统,保证排水畅通。

(2)施工作业人员要求:应由工长或现场技术人员对操作工人进行培训、技术安全交

底,做到熟练掌握砂化布灰、翻拌、闷灰、划格布土、粉碎、二次掺灰加水、粉碎拌和等工序,操作人员应保持稳定。

4.8.3 施工要点

1)工艺流程图

弱膨胀土砂化后填方路基施工工艺流程见图 4-13。

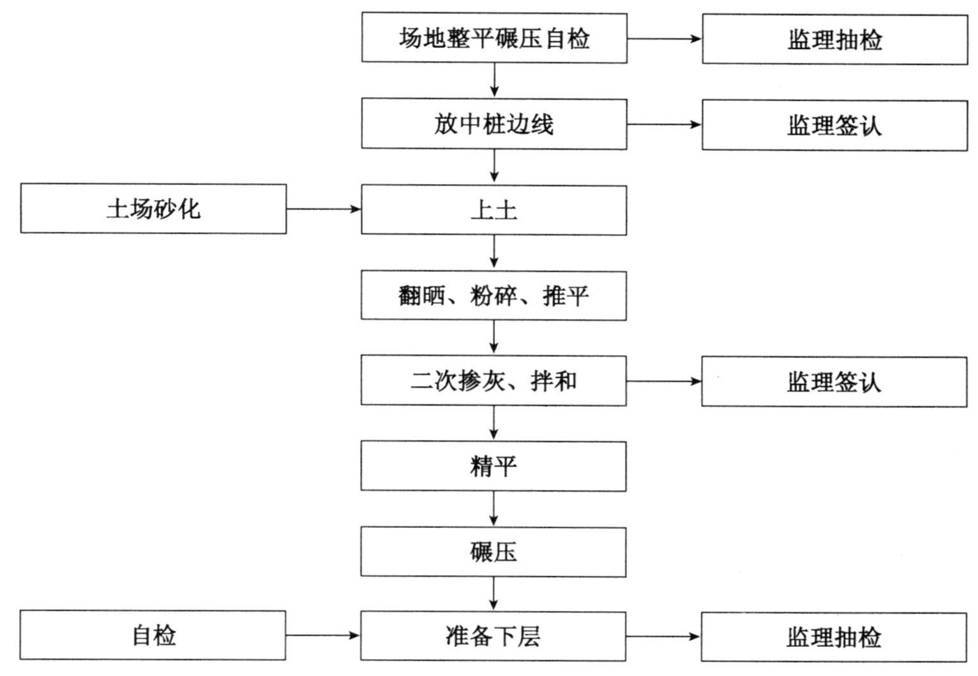

图 4-13 弱膨胀土砂化后填方路基施工工艺流程图

2)施工方法

(1)土的砂化。

①采用试验确定比例的生石灰进行砂化,在土场取土按照取土面积及取土深度(1.5m)估算土体积,粗算生石灰用量。

按照取土深度为 1.5m 反算每吨生石灰应布灰面积,在挖掘机取土前布灰,挖掘机在取土的过程中自然就翻拌一遍。

②取土:取土的同时注意把石灰与土混合在一起。一般弱膨胀土的天然含水率较大,可在规划土场时考虑到分块取土,四周挖排水沟,降低地下水位,从而降低含水率。

③闷灰:取土时尽量把土整成大堆,这样有利于含水率降低与提高砂化效果。大堆闷灰 7d,在这个过程中,闷灰 48h 后利用装载机、挖掘机倒推,次数至少 3 遍,可以加强砂化效果。

(2)施工放样。在原地面或已成型且通过自检及抽检合格段落上每 20m 放一中桩,并根据本层高程放出边桩。用白灰打灰格,根据每一灰格具体控制上土方量,并保证总量准确。

(3)上土、粗平。利用自卸车运土至工地,在这个工程中用推土机粗平,要求推土机司机按照 20cm 推平。用人工挖坑检查厚度,使砂化土厚度控制在合理范围之内。用体积与质量双控制,算出每层灰土方量扣除白灰所占体积就是上土体积,一般按 1t 消石灰占 $0.5m^3$ 换算,然后根据自卸车每车能装方量计算所需车数。

上土后利用推土机进行整平,这样可以保证在接下来的工序中不会出现翻晒不到底的现象,从而避免灰土中可能出现的夹层现象。

(4)翻晒。由于砂化土到达现场的含水率一般较高,而各种灰土最佳含水率一般在 22%左右,因此必须充分翻晒,降低含水率。利用铧犁、圆盘耙、旋耕机等机械进行粉碎、晾晒,在 6~8 月施工黄金季节,一般超过 30℃的天气,有利日照时间达到 11h,一般 4d 可以把含水率降到最佳含水率偏大 2%。针对气候条件,在其他日照较短时节如 10~11 月,白天翻晒后晚上必须用压路机封住翻晒土,避免潮气进入土中,影响翻晒效果、延长施工工期。

一般施工段落为 150~200m,需配备铧犁 1 台,旋耕机 2 台进行翻拌、粉碎。

(5)粉碎。由于膨胀土干硬强度高,当砂化土的含水率降到最佳含水率左右时,进行拌和很难起到粉碎效果,要求在二次掺灰前进行一次粉碎,加强粉碎效果,目的是降低颗粒粒径。一般控制含水率在 28%左右时进行粉碎能起到较好的效果,颗粒不大于 5cm。在拌和前用推土机整平,压路机静压。

(6)二次掺灰。在含水率接近最佳含水率时,补足剩余灰剂量。

为控制消石灰含水率,生石灰在摊开时不得过薄或过厚。若过厚即使采用翻拌方法,也无法正确控制含水率及石灰的充分消解,用机械翻拌打堆时灰尘土将四处飞扬造成环境污染或含水率过大无法使用。石灰必须提前消解并闷料 7d 左右,防止拌和后造成放炮现象。

粉碎好颗粒达到要求的土静压一遍后,自卸车把消解好的石灰拉到工地,采用打方格平地机布灰和人工布灰配合的方法实施,并由专人检查布灰均匀性。

(7)二次拌和。二次掺灰后再拌和一次,这次拌和的主要目的是使消石灰砂化土充分结合、均匀排布;并使上下两层次灰土紧密结合,避免各种夹层的出现而影响施工质量。需要拌和两遍,要求打到下层的硬壳,这样可使上下层次 2~3cm 紧密结合。拌和过程中,应派专人检查刀头是否达到硬底。还应采取各种措施,保证不出现拌和过深的情况,以免影响到配比准确性与压实效果。对比较关键的 95 区灰土施工,可以通过高程测量的方法控制拌和深度,确保各方面质量有保证。

(8)精平。灰土层厚按分层高程控制,精确控制高程不仅有利于提高平整度等外观质量,对压实也是有好处的,因为一定的碾压顺序必须适合于一定的层厚,这样才能充分发挥压实功效。

①推平:二次拌和后,检查混合料的灰剂量和含水率,条件允许的进行下道工序的施工,用推土机大致推平;然后平地机粗平一遍,振动压路机静压一遍。

②放桩:恢复每 20m 一个中桩,横向每 5m 引一个控制桩,可以打竹桩或木桩,高程按照松铺厚度控制,平地机精平过程中不间断检查桩位,防止竹桩被车轮压下去影响高程控制。

③平地机精平:要求平地机司机应有较强的责任心和过硬的技术,减少精平次数,力求

做到少下刀、大油门、低挡位、多次精平的办法实现精平。如果由于种种原因导致有薄层贴补现象的，需进行局部处理，可以适当洒水，使上下含水率均匀，面积较大影响外观质量的用拌和机重新拌和一遍，再扫平、碾压。

(9)碾压。采用大功率振动压路机等重型压实机械(如徐工 YZ18JC 型号压路机)，可以满足压实度要求。

碾压组合：YZ18JC 压路机静压 1 遍，微振 2 遍，再继续强振 4 遍，最后利用铁三轮光面或 18J 光轮收面。

碾压时，在直线部分和大半径曲线路段时应先压边缘后中间；小曲线路段，有较大超高时，应按先低后高的顺序进行碾压。碾压速度，稳压时采用 2 挡为宜，振动时应采用 1 挡速度碾压。压路机碾压轮迹应相互搭接。后轮应超过两段的接缝。

3)质量控制要点与监理要点

(1)采取有效措施确定压实标准。对于较大土场，为了防止土性的差异，必须加大取样频率，从而保证室内土工试验指导室外施工的准确性。

个别路段由于阴雨天气造成施工周期延长、实测灰剂量不满足要求的，必须重新掺灰补足，可根据重新掺灰后的灰土进行标准击实，按标准击实结果控制压实度。

每段土砂化时间必须详细记录，对于超过 7d 的可能由于砂化时间过长，土性质发生变化，掺灰成型后可能难以达到实际压实度的，可要求重新确定新的压实标准。

(2)控制含水率。膨胀土对土内含水率非常敏感，应取得最好的压实效果，必须把含水率降到最佳含水率偏小 2%，另外由于这种土的干硬强度高，土颗粒表层如果失水较多，那么土团将很难打碎。土颗粒难以粉碎，土团内部的水分被锁定，总体的含水率下降，将严重影响压实与强度。因此，必须通过实践总结应在多大含水率条件下对砂化土进行强制拌和，以便取得较好的粉碎效果，减少施工周期。

(3)控制灰量的准确性。首要应控制好上土量，由于拌和机会把下层 1~2cm 打破，上土时可以把该部分土量扣除。二次掺灰之前，应该用平地机对砂化土进行整平，压路机静压，打格上灰。

(4)严格控制碾压时间、速度。选择在日照最强烈的时间段进行碾压，可以保证压出来的路基表面平整、光滑，不会出现发黑迹象，另外随着碾压时表层失水，在碾压完成后表层含水率降到缩限以下，将出现裂纹减少的情况。小振动压实后表层如有 2~3cm 松散层，等到 15:00~17:00 潮气上浮，由于吸水表面含水率增大，有利于表层压实，利用光轮三轮压路机把表层 2~3cm 的松散土压实，可提高压实度。

(5)采取措施防止雨后压实度反弹。根据数据显示，雨后复压的压实度一般较雨前检测的下降 3%左右。这要求施工碾压完毕后及时、迅速报验，然后快速上覆盖土，既能够预防下雨的影响又能够防止由于失水收缩出现裂纹影响路基施工质量。对于已被雨水浸入的层次，必须进行必要处理，使压实度符合要求。

(6)养护。膨胀土路基碾压验收完成后，应尽快上土覆盖，避免由于失水形成的细小裂纹；如果碾压时气温较高，导致表面松散的，可晚上洒水，第二天用胶轮压路机复压，使之密实。

4.9　砂石换填路基

4.9.1　技术准备

(1)核查地质、水文资料,编制砂石换填路基施工组织设计,向施工班组进行深入、全面的书面一级技术交底和安全交底。

(2)按设计图纸或监理确认的挖除深度和范围进行施工放样。绘出开挖断面图,报监理工程师办理复核、签认手续。

(3)开挖前对施工人员进行全面技术、操作、安全二级交底,确保施工过程的工程质量和人身安全。

4.9.2　设备、材料与作业要求

1)主要设备

挖掘机、大型推土机、自重20t压路机、自卸汽车及水泵若干。

2)材料准备

砂石换填路基,如采用级配砂砾进行填筑,砂石料由持相应资格证的试验员按规定进行综合毛体积率试验及筛分试验,确保其原材料质量符合相应标准,若采用一般砂砾,砾石最大粒径不得超过10cm,或不大于压实厚度的2/3。级配砂砾应符合表4-6要求。

级配砂砾　表4-6

通过以下筛孔的质量百分率									
筛孔尺寸(mm)	100	50	40	20	10	5.0	2.0	0.5	0.075
砂砾(%)	100	95~100	90~98	65~85	45~73	30~55	15~35	10~20	4~10

3)作业要求

(1)开挖前,将便道修好,保证运输车辆顺利通行。如果要挖除的料有积水或泥浆,应在换填路基边缘挖集水井,将水引至集水井,然后用水泵将水排除、晾干再装运。

(2)操作人员:应由工长或现场技术人员对挖掘机司机及工人进行技术安全交底,明确技术要求,确保挖除范围及深度,施工中应有安全紧急救援应对措施。

(3)设置排水沟、集水井,及时将挖除范围的积水排走,确保场内无积水。

4.9.3　施工要点

1)工艺流程

砂石换填路基施工工艺流程见图4-14。

2)操作方法

(1)测量放样及绘制横断面图。依据设计图纸或监理工程师确认挖除的深度范围进行施工放样,撒出开挖石灰线,绘出开挖断面图,经监理工程师复核、签认后开挖。

(2)开挖清理不符合要求的土基。开挖前,应充分做好各项准备工作,修好便道,保证

挖掘机连续作业，配足自卸汽车，一旦开挖后应连续施工，防止下雨使基底积水影响速度。开挖至设计要求的断面后，如仍有非适用材料，应按监理工程师要求的宽度和深度继续挖除。开挖不适用材料有积水时，应在旁边挖一个集水井，用小型水泵将开挖范围内的积水抽干，严禁换填路基长时间在水里浸泡。

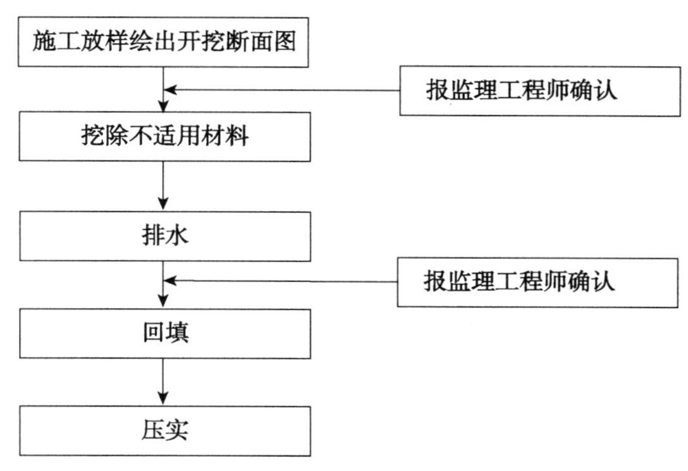

图 4-14　砂石换填路基施工工艺流程

(3)开挖断面完成后路基基底压实。断面开挖完成后，测其基底土含水率，其压实含水率均应控制在最佳含水率±2%范围内。当土的实际含水率不符合上述范围要求时，应均匀加水或将土摊开、晾干，达到上述要求后方可进行压实。

当需要对土采用人工加水时，达到压实最佳含量所需要的加水量可按下面公式估算：

$$m=(\omega-\omega_0)\times Q/(1-\omega_0) \tag{4-1}$$

式中：m——所需加水量，kg；

ω_0——土的原始含水率，以小数计；

ω——土的压实最佳含水率，以小数计；

Q——需要加水的土的质量，kg。

需要加的水应在碾压的前一天浇洒在取土坑内的表面，使其均匀渗透入土中。

用压路机将路基压实，压实度不低于 85%，绘出完工横断面图，经监理工程师复核、签认后回填砂石料。

(4)砂石料换填。先进行测量放线，放出中桩、边桩，打出边线桩，用红油漆做好标记，最高填筑厚度 30cm，并撒出白灰线，绘制方格网图，用方格网控制上料数量。分层摊铺，用大型推土机将层面推平至填筑边桩。

(5)砂石料压实。砂石料的压实按现行《公路路基施工技术规范》(JTG F10—2006)相关要求进行，可采取水密法配合压路机碾压，使砂石料密实。压实度满足土方路基压实标准，且经监理工程师检验合格后方可进行下一层砂石料换填。

3)质量控制要点和监理要点

(1)施工过程中应对压实度、边坡、平整度等进行检测，检测标准必须符合表 4-7 要求。

换填路基的质量检验和质量标准　　表4-7

项次	检 查 项 目	规定值或允许偏差			检查方法或频率
		高速、一级公路	二级公路	三、四级公路	
1△	压实度	符合设计要求			按检评标准《公路工程质量检验评定标准　第一册　土建工程》(JTG F80/1—2004)附录B检查密度法:每200m每压实层测4处
2△	弯沉(0.01mm)	不大于设计要求值			按检评标准《公路工程质量检验评定标准　第一册　土建工程》(JTG F80/1—2004)附录I检查
3	纵断高程(mm)	+10,-15	+10,-20		水准仪:每200m测4个断面
4	中线偏位(mm)	50	100		经纬仪:每200m测4点,弯道加HY,YH两点
5	宽度(mm)	符合设计要求			米尺:每200m测4处
6	平整度(mm)	±15	±20		3m直尺:每200m测2处×10尺
7	横坡(%)	±0.3	±0.5		水准仪:每200m测4个断面
8	边坡	符合设计要求			尺量:每200m测4处

(2)施工前应对砂石料原材料进行检查,并有合格签证记录。对施工程序、工艺流程、施工手段进行检查。

(3)砂石换填时,应注意保护好现场轴线桩、高程桩,防止碰桩位移并应经常复测,做好计算砂石换填的基础数据库工作。必要时应拍摄工程照片。

4.10　盐渍土路基

4.10.1　技术准备

(1)审核设计图纸。核查现场水文、气候和地质条件,编制施工组织设计。通过试验确定盐渍土填料的可用性,应符合表4-8要求。

高等级公路盐渍土地区路堤填料的可用性　　表4-8

土类及盐渍化程度		填筑层位		
		路床(0~80cm)	上路堤(80~150cm)	下路堤(1.5m以下)
细粒土	弱盐渍化	不可用	可用	可用
细粒土	中盐渍化	不可用	不可用	可用
	强盐渍化	不可用	不可用	(亚)氯盐类可用
	过盐渍化	不可用	不可用	不可用
粗粒土	弱盐渍化	不可用	(亚)氯盐类可用	可用
	中盐渍化	不可用	不可用	(亚)氯盐类可用
	强盐渍化	不可用	不可用	不可用
	过盐渍化	不可用	不可用	不可用

(2)盐分对土的作用,有利有弊。在干旱地区,氯化物盐类的胶结作用和吸湿、保湿作用常常有利于路基的稳定。路基在潮湿状态下,由于易溶盐的存在及其状态的转变,使路基土的密度减小,并较快地丧失稳定性,造成道路泥泞,甚至塌陷、溶陷,也能使翻浆更严重。硫酸盐类可产生有害的松胀作用。盐渍土的碱化作用,使土的膨胀性增加。

(3)盐渍土地区路基,排水十分关键,一般应采取完整的地面排水系统防止积水,采取措施控制地下水位的高度、控制毛细水上升高度。

(4)对施工人员进行岗前技术培训,并做好深入、全面的技术、质量、安全交底工作。

4.10.2 设备、材料与作业要求

1)主要设备

推土机、平地机、压路机等填筑路基的机械设备。

2)材料准备

(1)对填料的含盐量及其均匀性应加强施工控制检测,路床以下至少1组/1 000m^{3}填料,路床部分至少1组/500m^{3}填料;每组3个试样,填方不足以上数量要求时也应做一组。

(2)用石膏土做填料时,应先破坏其蜂窝状结构。

(3)盐渍土路基表土不符合表4-8要求时,应挖除;路堤高度小于表4-9的规定时,除应将基底土挖除外,还应按设计要求换填透水性好的土。

盐渍土地区路堤最小高度 表4-9

土质类别	高出地面(m)		高出地下水位或地表长期积水位(m)	
	弱、中盐渍土	强、过盐渍土	弱、中盐渍土	强、过盐渍土
砾类土	0.8	1.2	2.0	2.2
砂类土	1.2	2.0	2.6	2.8
黏性土	2.0	2.6	3.6	4.0
粉性土	2.6	3.0	4.2	4.6

3)作业条件

(1)试验段施工。

①在施工前,应针对盐渍土的地基处理、路基填筑、隔断层铺设等施工工艺性问题铺筑试验路段。

②试验路段应选择在具代表性的盐渍土地段进行,路段长度宜为200m。

③试验路段应确定盐渍土地基处理的施工方法。试验路段应确定拟用的隔离层的施工工艺。

④试验路段应确定最佳的机械配套和施工组织及相应的松铺厚度、洒水方法、碾压遍数等。

⑤试验路段铺筑过程中及完成后,应加强对各项指标的检测,提出试验路总结报告,报批后指导施工。

（2）在盐渍土地区筑路时，应考虑当地盐渍土的水、盐状态特点，选择处于最佳含水率范围内的填料不发生冻结的季节、地段不发生积水的季节进行施工。根据这一原则，一般认为：雨天不得施工；地下水位高的黏性盐渍土地区，宜在夏季施工；砂性盐渍土地区，宜在春季和夏初施工；强盐渍土地区，宜在表层含盐量较低的春季施工；对于不冻结的土，也可考虑冬季施工。

4.10.3　施工要点

1）工艺流程（图4-15）

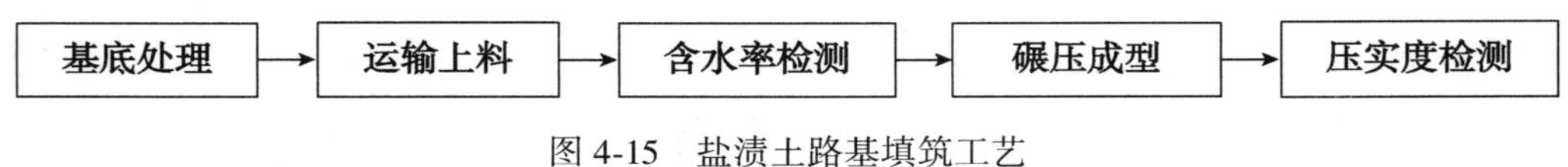

图4-15　盐渍土路基填筑工艺

2）施工工艺

（1）基底（包括护坡道）处理。

①地下水位以下的软弱土体应按设计要求采用透水性好的粗粒土换填，高度宜高出地下水位300mm以上。

②在内陆盆地干旱地区，路面为沥青混凝土、水泥混凝土或沥青表处时，应按设计要求在下路堤内设置封闭性隔断层。

③地表为过盐渍土的细粒土、有盐结皮和松散土层时，应将其铲除，铲除的深度通过试验确定。

④在积水路段，应将积水排除后，将地表翻晒，其厚度应不小于500mm。对排水困难的低凹地段，应按设计要求进行处理后才能进行路基填筑。

（2）运输上料、整平。取土场选取并按要求处理好后，将填料运到路基，用推土机初平后，在用平地机精平。

（3）含水率控制。宜在填料处于最佳含水率时进行压实。用砾类土和砂类土填筑时，不得超过最佳含水率的±2%；用细粒土填筑时，碾压含水率不宜大于最佳含水率1%。如含水率过高，应进行翻晒；如含水率过低，应进行均匀洒水，不得出现片状过湿或过干现象。雨天不宜施工。

（4）碾压成型。在碾压之前先将路基边缘稳压两次，再分别由两边向中间稳压1遍，然后遵守“先边缘后中间，先轻压后重压，先慢压后快压”的原则，按压实要求遍数碾压，每次碾压的轮迹重叠宽度应不小于200mm，谨防碾压不到边的现象。宜用大吨位（如选择25t以上）的压实机械。

盐渍土路堤应分层填筑、分层压实、分层检测，每层松铺厚度不宜大于200mm，砂类土松铺厚度不宜大于300mm。

（5）质量检测。选点检测：对已压实的段落进行仔细观察，对怀疑有问题的地方做压实度及含水率测定；每100m有10个以上选点的检测结果不符合要求时，应作为不合格工程，不能局部处理，应翻晒或补充洒水后重新碾压。

随机检测:选点检测满足要求时,应做随机检测,在各压实层2 000m^2的随机测点不少于4处。

3)质量控制要点和监理要点

(1)施工前和施工中,必须有完善的截、排水设施。

(2)加强盐渍土填料试验检测,严格控制含盐量、含水率。

(3)摊铺后应尽快进行碾压成型。不得在路基上和碾压过程中洒水。

(4)监理应对隔断层施工进行旁站监督。隔断层必须置于盐胀层以下。

(5)路堤连续填筑结束后,及时进行防护施工。

5 防护与支挡工程

5.1 一般规定

（1）防护工程应按照“安全稳定、植物防护为主、圬工防护为辅”的原则实施。边坡防护应优先采用植物防护，必须采用工程防护时，应采用工程防护和植物防护相结合的方式。

（2）砌体用砂浆必须集中拌和，拌和采用能够准确计量的强制式搅拌机，且应随拌随用，砂浆必须在初凝前使用，已初凝的砂浆必须废弃。

（3）路堑开挖与防护工程应同步实施，开挖一级防护一级。各类防护与加固工程应置于稳定的基础或坡体上。

（4）根据开挖坡面地质水文情况逐段核实路基防护设计方案。高度小于20m的石质边坡，防护时宜选用主动柔性防护形式；高度大于20m的石质边坡，防护时宜采用被动柔性防护形式。

（5）临时防护措施应与永久防护工程相结合。防护工程采用的混凝土构件应集中、工厂化预制。

（6）防护工程应增加边坡生态防护，因地制宜地选择当地植物种类及防护形式。

（7）黄土高边坡应按“多台阶、陡边坡、宽平台、固坡脚”的原则；膨胀土高边坡应按“缓边坡、宽平台、固坡脚”的原则，其综合坡率应满足稳定性要求。

（8）路堑段支挡工程基础开挖应分段进行。路堤段支挡工程施工与路基填筑应同步实施。

（9）挡墙工程泄水孔数量、位置及排水坡度应符合实际要求。

（10）重要隐蔽工程（由各方协商确定）施工时，监理人员必须进行旁站监理，以消除影响工程质量的不利因素。

5.2 边坡工程防护

5.2.1 一般要求

（1）设计单位应在施工前对设计文件中提出的方案现场核查，结合当地类似工程经验，对设计方案进行优化、完善，选择较为成熟、经济合理、施工简单、利于环保的方案。

施工前，应对设计文件提出的方案现场核查，结合当地类似工程经验，对设计方案进行优化、完善，选择较为成熟、经济合理、施工简单、利于环保的方案。

（2）边坡防护应积极推行预制构件施工方式，尽量减少浆砌、现浇混凝土施工方案。所有预制构件集中预制。

(3)集中预制构件应使用高强塑料模具,采用振动台法成型试件,并做好养生工作。

(4)预制构件在运输、安装过程中,应采用机械吊装、运输方式,不宜人工搬运。

(5)边坡防护工程实施时,应严格按照施工技术规范的要求,控制工艺和过程,满足设计要求,施工质量符合验收标准,达到形状美观、自然协调的效果。

(6)施工过程中应做好排水设施,保障排水畅通,具备条件时及时完成排水设施的施工。

5.2.2 浆砌片(块)石骨架坡面防护

(1)路堤边坡防护在完成刷坡后应由下往上分级砌筑施工,而边坡防护应在路堤沉降稳定后施工。路堑边坡防护应根据开挖情况由上往下分级防护,开挖一级防护一级。

(2)浆砌防护施工前,须清理坡面,达到平整顺适,禁止出现凹凸现象或在低洼处用小石子垫平等现象,以及存在护坡不均等弊病。

(3)砌筑石料表面应干净、无风化、无裂缝和其他缺陷,石料应符合规范要求。砌筑时石料应大面朝下、平铺卧砌,坡脚坡顶等外露面应选用较大的石料,并加以修整。

(4)浆砌片(块)石应分层砌筑,一般砌石顺序为先砌角石,再砌面石,最后砌腹石。

(5)砌筑片(块)石时,需注意利用片(块)石的自然形状,使其相互交错衔接在一起,石块应大小搭配、相互错叠、咬接紧密。

(6)采用坐浆挤浆法砌筑,砂浆应饱满密实,做到坡面顺适、勾缝严密、养生及时。

(7)路堤边坡铺砌时,垫层应与铺砌层配合施工,随铺随砌;铺砌时应分段施工,按图纸要求设置伸缩缝,在基底地质有变化处应设置沉降缝,也可将伸缩缝与沉降缝合并设置。泄水孔的位置、反滤层设置须符合设计要求。

(8)骨架防护砌筑完成后,应及时铺种草皮,并保证骨架流水面与草皮表面的平顺。

(9)在坡面防护完成前应采取临时防、排水措施,确保坡面稳定。

5.2.3 混凝土预制块坡面防护

(1)混凝土预制块应统一集中预制。预制场地应按照工地建设标准化相关规定布置。同一分项工程所使用原材料必须稳定,确保混凝土色泽一致。

(2)预制模具应使用不易变形的塑钢模,每循环一次应进行检查,确保预制块规格一致。

(3)预制块制作时,将模具摆放平稳,涂抹脱模剂,先往模具内加 1/2 的混合料,振捣密实后再加满混合料继续振捣直至密实为止。

(4)预制块浇筑完成并抹平顶面,待混凝土终凝后及时养生;脱模时应避免发生缺边、掉角、开裂的现象,脱模完成后及时清理模具以便下次使用。

(5)成型后的预制块应堆放整齐并及时养生,养生期一般不少于 7d。

(6)预制块的混凝土强度达到设计要求后方可进行安装,运输过程中应轻装轻卸,避免损坏。

(7)安装前应进行平面位置、坡度和高程的施工放样,以保证预制块的安装质量和外观效果。

(8)预制块基槽底部和后背填料应夯实,安装时注意线形和高程的调整,做到安砌稳固、顶面平整、缝宽均匀、线条直顺、曲线圆滑美观,完工后及时做好现场清理工作,空心预制块安装完成后应及时进行回填土、绿化及美化工作。

5.2.4　现浇混凝土坡面防护

(1)混凝土骨架护坡施工前,须清理坡面,达到平整顺适。

(2)根据路基边坡长度、坡度、坡顶面形状准确测放骨架位置,经验收合格后方可进行基槽开挖。

(3)现浇混凝土骨架应分段施工,骨架基槽采用人工从上往下开挖,不得欠挖,若超挖应用同级混凝土回填。基槽完成后及时进行构造锚杆安设,不得有松土留在基槽内,基槽暴露时间不宜太长。

(4)严格控制模板安装质量,采取混凝土垫层等措施确保钢筋保护层厚度。

(5)混凝土采用集中厂拌,坍落度宜控制在3~5cm。混凝土浇筑由下而上,采用插入式振动器振捣密实,人工抹平收浆。

(6)骨架混凝土终凝后应及时覆盖洒水养生,养生期一般不少于7d。

(7)混凝土养生结束后应及时进行绿化、美化。

5.2.5　主动柔性防护(附图C-9)

1)施工工序(图5-1)

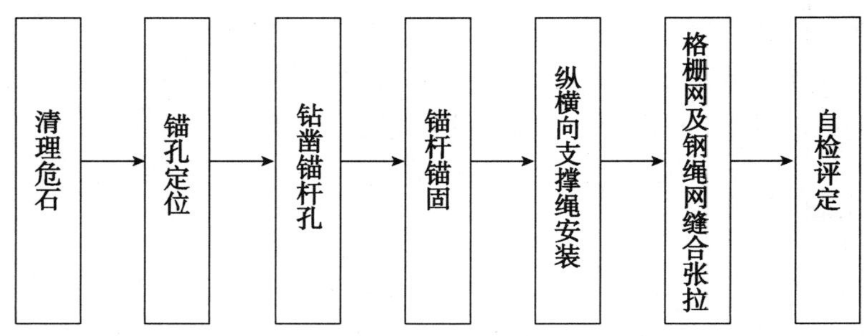

图5-1　主动柔性防护施工工序流程图

2)施工要点

(1)锚孔定位前应对坡面防护区域的浮土及浮石进行清除。

(2)从防护区域下沿中部开始向上和两侧放线测量确定锚杆孔位。

(3)钻凿锚杆孔并清除孔内粉尘,孔深应比设计锚杆长5cm以上,孔径不小于设计要求。当受凿岩设备限制时,构成每根锚杆的两股钢绳可分别锚入两个锚孔内,形成人字型锚杆,两股钢绳间夹角为15°~30°,以达到同样的锚固效果。

(4)注浆并插入锚杆,采用不低于设计强度的水泥砂浆,优先选用粒径不大于3mm的中细砂,确保浆液饱满。注浆体养生不少于3d。

(5)安装纵横向支撑绳,张拉紧后两端各用2~4个(支撑长度小于15m时为2个,大于

30m 时为 4 个,其间为 3 个)绳卡与锚杆外露环套固定连接。

(6)格栅网应从上向下铺挂,格栅网间重叠宽度应不小于 5cm。格栅网与支撑绳间用 ϕ1.2mm 铁丝按 100cm 间距进行扎结;钢绳网应从上向下铺设,缝合绳为 ϕ8mm 钢绳,每张钢绳网均用缝合绳与四周支撑绳进行缝合并预张拉,缝合绳的两端各用 2 个绳卡进行固定连结。

(7)路基边沟平台及边坡碎落台,可种植藤本植物进行绿化、美化。

5.2.6 被动柔性防护(附图 C-10)

1)施工工序(图 5-2)

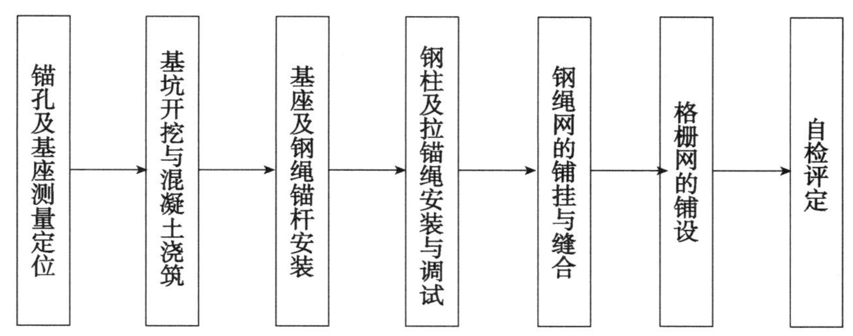

图 5-2 被动柔性防护施工工序流程

2)施工要点

(1)按设计并结合现场地形情况对钢柱基础和锚孔进行测量定位。

(2)坚硬地质采用 A 类锚固(钢钎锚杆,见附图 C-13),松软地质采用 B 类型锚固(混凝土锚碇,见附图 C-14)。

(3)将基座套入地脚螺栓并用螺母拧紧。

(4)将钢柱顺坡向上放置并使钢柱底部位于基座处,按设计方位调整好钢柱,拉紧上拉锚绳。

(5)将第一根上支撑绳的挂环暂时固定于端柱(分段安装时为每一段的起始钢柱)的底部,调直支撑绳,并将减压环调节就位。在第二根钢柱处,用绳卡将支撑绳固定悬挂于挂座的外侧。在第三根钢柱处,将支撑绳置于挂座内侧。直到本段最后一根钢柱将支撑绳向下绕至该钢柱基座的挂座上,调整减压环位置,当确认减压环全部正确就位后,拉紧支撑绳并用绳卡固定。

(6)将第一根下支撑绳的挂环挂于钢柱基座的挂座上,调直支撑绳并放置于基座的外侧,减压环调节就位。在第二个基座处,用绳卡将支撑绳固定悬挂于挂座的外侧;在第三个基座处,将支撑绳放在挂座内下侧,按此顺序安装支撑绳直至最后一个基座并将支撑绳缠绕在该基座的挂座上,检查减压环位置,拉紧支撑绳并用绳卡固定。

(7)按上述(5)、(6)步骤安装第二根下支撑绳,但反向安装,且减压环位于同一跨的另侧。在距减压环约 40cm 处用一个绳卡将两根底部支撑绳相互并结,如此在同一挂座处形成内下侧和外侧两根交错的双支撑绳结构。

(8)钢绳采用钢丝绳穿越网孔,固定在临时钢柱的顶端,并悬挂于上支撑绳。将缝合绳按单张网周边长的 1.3 倍截断,并在其中画出标记。钢绳网缝合从系统的一端开始,并先与上支撑绳缝合后与下支撑绳缝合,最后使左右侧的缝合绳端头重叠100cm。

(9)格栅网应铺挂在钢绳网的内侧即靠山坡侧,叠盖钢绳网上缘并折到网的外侧15cm,用扎丝将格栅网固定到钢绳网上,扎结点间距不大于100cm,每张格栅间重叠约5cm。格栅网底部应沿斜坡向上敷设50cm左右,并用土钉将格栅网底部压住。

5.2.7　边坡锚固防护

1)施工工序(图5-3、图5-4)

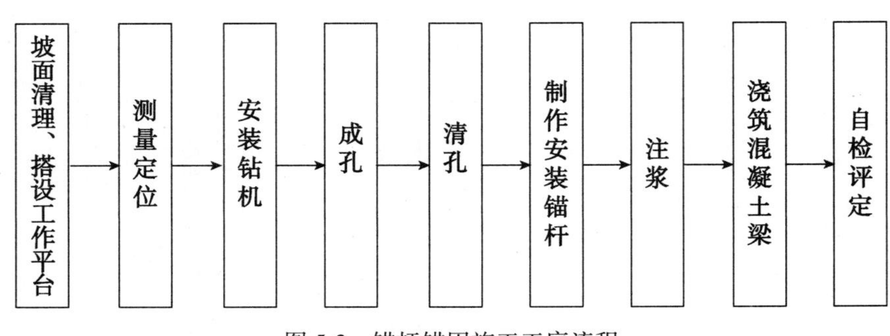

图5-3　锚杆锚固施工工序流程

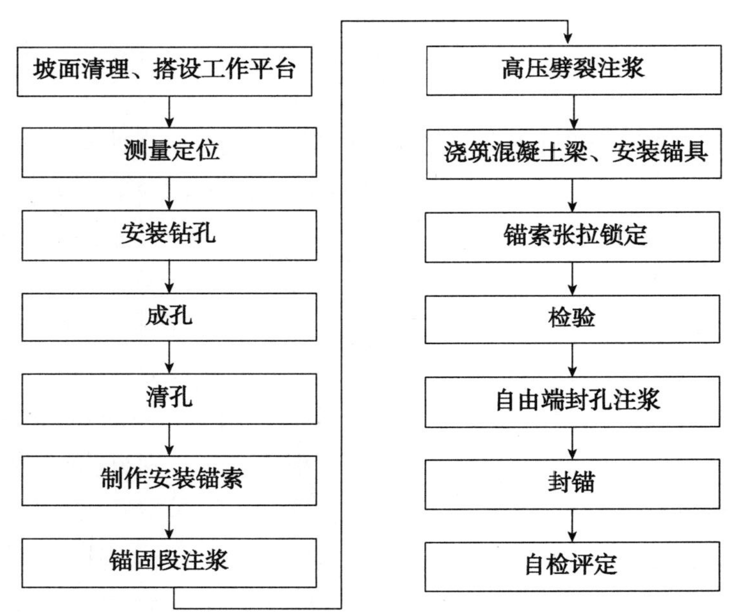

图5-4　预应力锚索锚固施工工序流程

2)施工准备

(1)设计锚固工程坡面开挖成型,并经过验收合格。

(2)开工前,应进行预应力锚索(杆)基本试验(附图C-11),并向监理工程师提交试验报告,待试验报告经过批准及设计锚固参数得到落实或调整确定之后,方可进行预应力锚固工程施工作业。锚索(杆)试验孔位置由设计代表和监理现场确定。

(3)试验孔自由端不注浆,锚固段与自由端之间设置止浆袋,锚固段外侧应设置排气管,排气管伸入锚固段内5~10cm,其注浆方法和充满标准与工程孔相同。

(4)在进行场地清理及搭设工作平台时,施工单位应对已经施工完成的坡面依据设计资料进行测量，确定预应力锚索(杆)的位置。

(5)钻孔设备与注浆设备应分别根据锚固地层类型、锚孔孔径、深度、注浆材料、注浆压力及施工场地条件并结合实际锚固地层情况等进行确定。

(6)锚筋的张拉必须采用专用设备，并在张拉作业前对张拉机具进行标定，锚筋锁定工作应采取符合技术要求的机具。

3)施工要点

(1)成孔。

①施工脚手架应满足相应承载能力和稳固条件，根据测放孔位准确安装固定钻机，钻孔纵横向误差不得超过±5cm，高程误差不得超过±10cm，钻孔倾角和方向应符合设计要求。

②宜采用潜孔钻机或锚杆钻机冲击成孔。在岩层破碎或松软饱水等地层中应采用跟管钻进技术。

③应采用无水干钻，钻孔速度应严格控制，防止钻孔扭曲和变径。应注意岩芯的拾取，并尽量提高岩芯采取率，锚固段必须进入中风化或更坚硬的岩层。

④钻进过程中，应对每个孔的地层变化、钻进状态(钻压、钻速)、地下水及一些特殊情况做好现场施工记录。如遇到塌孔等时应进行固壁灌浆处理后，重新钻进。

⑤钻进达到设计深度后，稳钻 1~2min，防止孔底沉淀。原则上要求使用高压空气(风压 0.2~0.4MPa)将孔内岩粉及水体全部清出孔外，以避免降低水泥砂浆与孔壁岩土体的黏结强度。若遇锚孔中有承压水时，应待水压稳定后才能安放锚筋并注浆。

⑥钻孔完成经检验后，应在 24h 内及时安装锚筋体并注浆。

(2)锚索(杆)制作与安装。

①锚索(杆)制作。制作前应清除钢绞线表面的污渍、锈迹等。预应力锚索为钢绞线或高强钢丝；预应力锚杆为高强精轧螺纹钢筋；非预应力锚杆以满足设计强度要求的Ⅱ级钢筋为主。

锚索(杆)的组装必须搭设组装平台，平台高度不小于 30cm；锚索编束应在专门的加工厂或钻孔现场的加工棚内进行，钢绞线或高强钢丝需顺直、排列均匀，防止钢绞线交叉。下料长度应大于设计长度 1.5m，并采用砂轮机切割，每股长度误差不大于±50mm。锚杆组装时，钢筋应平直，除油、除锈处理合格。锚杆接头采用专用锚杆连接接头，禁止采用焊接技术。

锚索(杆)完成隔离支架与紧箍环的组装后，应在其底端接装导向帽，导向帽尺寸制作误差≤±5mm，接装定位误差≤±20mm。导向帽应采用铁丝绑接牢固。压力分散型(拉压复合型)锚索锚固段钢制承载板与挤压套之间要求采用对拉栓接固定。

锚索编束时应将一次注浆管同锚索一起绑扎牢固，在管底 50cm 的长度内割开 3~5 个出浆孔，用胶带临时密封，注浆管应超出孔口外不小于 1.0m。采用二次劈裂注浆时，将二次注浆管穿在锚索中间，而将一次注浆管绑扎在锚索外部并捆扎牢固。注浆管在锚固段范围内每间隔 10cm 钻 ϕ5mm 的出浆孔，出浆孔呈螺旋状布置。

②锚索(杆)防腐处理。锚索制作后，应检查外观质量、根数、长度、牢固程度、防腐密封

性、注浆管路畅通性等。经验收合格的,挂牌标识待用。锚索防腐等级应根据锚索的设计使用年限和所处的地层有无腐蚀性确定。锚索应随时制作随时使用,不宜长期存放。

锚索自由段防腐处理:第一层在钢绞线表面均匀地涂刷防腐油漆,第二层在油漆面层均匀地涂抹一层专用防腐油脂,第三层在钢绞线外套防护管。防腐套管不得有接头,自由段与锚固段分界处的端头必须密封严实,密封可用胶带缠3~5层,也可用18号火烧丝绑扎。自由段应安装聚乙烯材料类的对中架,对中架沿锚索轴线方向每隔2.0m安装,水泥浆保护层厚度不小于20cm。

锚索锚固段防腐处理:在锚索头部安装导向头,使锚索与土层隔离,并保护注浆管不被孔底泥土堵塞。交错安装扩张环和箍环,使锚固段钢绞线形成葫芦状,沿锚索轴线方向间隔1.0m,并在锚固段外包裹一层孔眼为10mm×10mm的钢绳网。

③锚索(杆)检验。锚筋体制作完成后,需对锚筋体各部件进行检查。筋股应顺直完好、无死弯硬折或严重碰割损伤,排列分布与编束绑架应符合设计要求。锚筋自由段的防锈漆、防腐油和各项缠绕密封措施应符合设计要求。防锈漆应刷盖均匀,不见黑底;防腐油应完全覆盖和填充锚筋材料与外环层之间的空间;缠绕密封应牢固严实。锚筋自由段的塑料套管、注浆套管、隔离(对中)支架、紧箍环,以及导向尖壳绑扎捆架应符合设计要求。塑料套管绑扎稳固密塞,具有足够强度,外观完好,无破损修补痕迹;注浆管安装位置准确,捆扎匀称,松紧适度;隔离(对中)支架、紧箍环和导向尖壳等分布均匀、定位准确,绑扎结实稳固。应按锚筋体长度和规格型号进行编号挂牌,使用前需经现场监理工程师批准。

④锚索(杆)运输、安装。采用机械吊装,应注意各支点间距不宜大于2m。锚索安装采用人工推送,用力应均匀一致,不得使锚索体转动、扭压、弯曲。预留锚索张拉工作长度从张拉面起计算不小于1.2m。当锚索入孔困难造成损坏的,应重新制作验收合格后再安装入孔。当锚索倾角大于30°时,应采取措施将锚索固定。锚索入孔后应及时注浆充填,对于成批进行注浆的,应对未注浆的锚索孔口临时封堵,防止钻渣及泥水进入孔内。

(3)注浆施工。

①水泥为普通硅酸盐水泥,必要时采用抗硫酸盐水泥,不得使用高铝水泥。细集料应选用粒径小于2mm的中细砂;砂的含泥量按重量计不得大于3%;砂中所含云母、有机质、硫化物及硫酸盐等有害物质的含量,按重量计不得大于1%。

②除二次高压注浆(劈裂注浆)和自由端二次注浆(补充注浆)外,不得采用膨胀剂。因特殊原因要求速凝时,可以掺入对预应力钢绞线无腐蚀作用的速凝剂或其他外加剂,其品种与用量由试验确定。

③水灰比宜为0.40~0.45,注浆压力以0.4~0.8MPa为宜。搅拌后的泌水率宜控制在2%,最大不超过3%。浆液应用机械拌制,达到均匀、稳定的要求。锚孔浆液容量一般取设计用浆量的120%~130%,裂缝发育和存在溶洞时将会超注,应采取特殊措施加以控制。

④注浆过程中应认真排除孔内的气、水,注浆作业应连续紧凑,不得中断。采用孔底注浆、孔口返浆方式,浆体终凝前不得扰动锚筋体。

⑤在注浆作业开始或中途停止较长时间再作业时,应用水泥浆润滑注浆泵及注浆管

路;如遇孔道阻塞须更换注浆口,应将第一次注入的水泥浆排出,以免两次注入的水泥浆之间有气体存在。锚索入孔后6h内必须注浆,当有地下水,成孔后4h内不能下锚时,应在下锚前重新洗孔,速洗、速设锚、速注浆。锚索注浆时,应等待锚孔水泥浆面稳定后停注,不稳定时,应继续缓慢加压注浆,不稳定不得停注。在注满孔道并封闭排气孔后,宜再继续加压至0.5~0.6MPa,稍后再封闭注浆孔。注浆过程中,需缓慢搅拌浆液,一直到注浆结束。

⑥注浆作业过程应做好注浆记录。同时,每批次注浆都应进行浆体强度试验,且不得小于两组。

(4)张拉锁定。

①锚具的型号和规格应根据设计的要求选用。锚斜托台座的承压面应平整,并与锚筋的轴线方向垂直。

②锚索(杆)张拉应采用穿心千斤顶,应用百分表(磁性表座固定)测读变形量,张拉前先对张拉设备进行标定。锚固段、承压台(或梁)等混凝土构件强度均达到设计强度的70%以上,操作人员经技能培训,持证上岗,熟悉设计文件、操作要领,并进行了技术交底后方可张拉。

③张拉前应确认锚具、千斤顶、油压表等张拉设备安装牢固、运转正常,并且应严格按照批准的施工方案顺序进行,锚筋张拉顺序还应考虑邻近锚孔的相互影响。对同一结构单元上的锚筋张拉要求同步进行,以确保结构均匀受力,避免局部变化或相互影响。如果因施工条件限制,亦应结合上述两次张拉作业,根据结构单元受力特点与规律,按照合理的方式进行循环张拉。如采用循环张拉,在第一次张拉作业时,应按照先左右后中间、先上下后中间和先对角后中间的作业原则进行。

④锚筋张拉应分级进行,通常采用5级,分级荷载为0.2Nt、0.4Nt、0.6Nt、0.8Nt、1.0Nt(Nt为设计张拉荷载),每级加载至分级值后,持荷稳压至少5min,测读3次千斤顶的伸长量、框架(地)梁体的位移量,读数准确到0.2mm,并如实记录测读数,记录每级荷载与锚索位移的关系。

⑤锚筋超张拉值通常取设计拉力的105%~110%,最大不宜超过115%。

⑥锚筋张拉至设定最大张拉荷载值后,应持荷稳定10~15min,然后卸荷进行锁定作业。如发现有明显预应力损失,应及时进行补偿张拉。

(5)锚孔封锚。

①锚索(杆)张拉结束,应对锚索(杆)长度、抗拔力进行检测,验收合格后方可按照设计要求进行封锚工作。

②须用机械切割余露锚索,严禁电弧焊或氧焊切割,并应留长5~10cm外露锚索。最后用水泥净浆注满锚垫板及锚头各部分空隙,并按设计要求封锚处理,宜用不低于20MPa的混凝土封闭,以防锈蚀并兼顾美观。

(6)框格梁钢筋绑扎、混凝土浇筑。

①根据设计图纸要求,对锚孔位置及框架放线定位,并满足要求。

②依据设计图纸对框架竖梁、横梁尺寸及模板厚度的要求精确挖出竖梁、横梁肋轮廓,

且坡面必须刻槽，深度满足设计图纸要求。

③在安置框架钢筋前，应首先清除框架基础底部浮渣，并对梁底地基砂浆调平，保证基础密实、平整。

④模板表面应刷隔离剂，以便脱模。模板拼装应平整、严密、净空尺寸准确，符合设计要求。

⑤钢筋绑扎接头需错开，同一截面钢筋接头数不得超过钢筋总根数的1/2，且有焊接接头的截面之间的距离不得小于1m。

⑥灌注混凝土前，必须将锚具中的螺旋钢筋、波纹管和锚垫板按设计要求固定在地梁或立柱的钢筋上，方向与锚孔方向一致，摆放平整，再一起现场浇筑、振捣，尤其在锚孔周围，钢筋较密集，应仔细振捣，保证质量。

⑦框架应分片施工，每片由两至三根立柱及其横梁、顶梁组成。两相邻框架接触处（横梁、顶梁）留2cm宽伸缩缝，用浸沥青木板填塞。

4）质量标准

（1）锚孔检验标准见表5-1。

锚孔检验标准　　表5-1

项　次	检验项目		规定值或允许偏差	检查方法或频率
1	孔位	坡面纵向	+50mm	用经纬仪或拉线和尺量检查
		坡面横向	+50mm	
		孔口高程	+100mm	用水准仪或拉线和尺量检查
2	孔向	孔轴线倾角	+0.5°	用测角仪或地质罗盘检查
		孔轴线方位	+1.0°	用测角仪或地质罗盘检查
		孔底偏斜	锚孔深度的3%	用钻孔测斜仪检查
3	孔径		设计孔径的+5%，0	验孔或尺寸检查
4	孔深		大于设计深度200~500mm	验孔或尺寸检查

（2）张拉施加荷载和观测变形时间要求见表5-2。

张拉施加荷载和观测变形的时间　　表5-2

张拉荷载分级	观测时间（min）		张拉荷载分级	观测时间（min）	
	砂质土	黏性土		砂质土	黏性土
0.1Nt	5	5	1.00Nt	5	5
0.25Nt	5	5	（1.10~1.20）Nt	10	10
0.50Nt	5	5	锁定荷载	10	10
0.75Nt	5	5			

注：Nt为锚索设计拉力，即最终锁定荷载。

（3）锚固工程锚筋体长度检测，采取现场随机抽取的原则，抽取数量为工程锚索（杆）总数的2%~5%，且同一类型锚筋不得少于1根。锚索（杆）检测项目，见表5-3。

锚索(杆)检测项目 表 5-3

<table>
<tr><th>检测项目</th><th>检测仪器设备</th><th>检测方法</th><th>检测评定依据</th><th>评定标准</th></tr>
<tr><td>锚杆长度检测</td><td rowspan="2">JL-MG 型锚杆质量检测仪</td><td rowspan="2">超声波无损检测技术</td><td rowspan="4">《岩土锚杆与喷射混凝土支护工程技术规范》(GB 50086—2015)
《建筑边坡工程技术规范》(GB 50330—2013)
《岩土锚杆(索)技术规程》(CECS 22—2005)
《公路工程质量检验评定标准 第一册 土建工程》(JTG F80/1—2004)
《混凝土结构工程施工质量验收规范》(GB 50204—2015)</td><td rowspan="2">被抽检锚索(杆)长度与设计长度相比,误差在 5%以内,则认为该孔锚索(杆)长度合格;否则为不合格</td></tr>
<tr><td>锚索长度检测</td></tr>
<tr><td>锚杆抗拔力检测</td><td rowspan="2">YCW-B 系列轻型液压千斤顶
ZB4-500 型电动油泵
油压表
百分表</td><td>分级加荷位移法</td><td rowspan="2">被抽检锚索(杆)抗拔试力满足 1.5 倍设计荷载,并且锚索(杆)伸长量满足设计要求,则认为该孔锚索(杆)的抗拔力合格,否则为不合格</td></tr>
<tr><td>锚索抗拔力检测</td><td>分级加荷位移法</td></tr>
</table>

(4)地梁或框架的允许误差和检查办法,见表 5-4。

地梁或框架的允许误差和检查方法 表 5-4

序 号	检 查 项 目	规定值或允许偏差	检 查 方 法
1	孔距偏差	±50mm	每 20m 用经纬仪检查 3 点
2	孔口高程	±100mm	每 20m 用水准仪检查 3 点
3	锚索轴线误差	±3°	查施工记录,每 20m 查 2 根
4	框架地梁混凝土强度	满足设计要求	每个工点取 3 组试样试验
5	框架地梁断面尺寸	不小于设计	每 5 根抽查 1 根

5.2.8 质量控制要点和监理要点

(1)纵坡顺直,曲线线形圆滑;沟壁稳定、平整,无贴坡;排水畅通,无阻水和冲刷现象;各类防渗、加固设施坚实稳固。

(2)浆砌片(块)石工程:防护工程中所用片石最小尺寸应不小于 20cm,且强度不小于 30MPa。严禁采用风化岩石;砌体底必须坐浆,砌体砂浆必须均匀、饱满、密实、无空洞现象;砌缝宽度不大于 40mm,勾缝采用深度和宽度为 5mm 的凹缝,做到勾缝平顺无脱落,牢固且美观,缝宽均衡协调;砌体咬合紧密;抹面平整、压光、顺直,空鼓、无裂缝。砌筑一定范围后,应立即覆盖土工布喷淋养生。

①检查片石断面尺寸、强度和外观质量。

②检查砂浆拌和工艺、配合比、强度及原材料质量;严禁使用二次拌和砂浆。

③检查砌体底部坐浆、嵌缝砂浆情况,随时开挖检查砌体厚度。

④查看勾缝、抹面情况。

⑤查看覆盖养生情况。

(3)水泥混凝土预制块及所使用砂石等原材料必须符合设计及技术规范的要求;表面平整、无蜂窝、麻面,颜色一致,无掉角、破裂、碰边;砌体基底砂垫层厚度应符合设计要求,且应不小于 10cm 厚,用砂找平;砌体平整,无凹陷,勾缝顺适、饱满、牢固,砌块后无空洞。

①查看砌筑成品外观破损情况、平整度、嵌缝等。

②检查混凝土预制块强度是否满足设计要求。

③开挖查验砂垫层。

④敲击或开挖查看砌块后是否有空洞。

⑤查看覆盖养生情况。

(4)锚固工程开工之前,应对锚索(杆)进行破坏性抗拉拔性能试验,以确定锚索(杆)的极限承载力,检验锚索(杆)在超过设计拉力并接近极限值条件下的工作性能和安全程度,方便在正式大规模开工使用前调整锚索(杆)结构参数或改进锚索(杆)制作工艺,确保施工质量。

(5)进场的钢绞线必须验明其产地、规格型号、生产日期、出厂日期,并且应该核实生产厂家的资质证书及其材料的各项力学性能指标,同时必须进行抽样检验,确保其各项参数达到锚固施工要求。

(6)锚索张拉前,必须对张拉设备进行鉴定,孔口支撑墩尺寸和混凝土强度应满足张拉要求。在张拉过程中,应仔细观察锚索应力的变化,如发现明显的松弛现象,应分析原因并采取措施。

(7)压浆过程中,必须详细记录水泥浆用量,一般实际用量应高于计算用量的 20%,孔口应流出灰浆。如发现用浆量过大,应做好记录,根据实际情况,判别是否由于岩层裂隙或是空洞造成。

5.3　边坡植物防护

5.3.1　施工要点

1)植物选择

本着满足“稳定边坡,保持水土,融合自然”的原则,尽量选用根系发达、易成活、易生长、抗病虫的乡土植物,在气候湿润的南方地区,宜采用草、灌、乔三层结构进行人工植被恢复,实现植物搭配立体化、绿化效果生态化的目标。在干旱、半干旱地区,多选用耐旱性强的草本植物以及灌木搭配种植。

2)坡面清理

为了能融合自然,应对边坡的坡顶及坡脚进行圆弧化处理,避免人工开挖的折角存在,边坡两侧应进行衔接过渡处理,使其与周边自然地形连成一体,自然过渡。坡面应回填到位,使坡面大面平整、排水顺畅。

3)种子质量标准

根据设计调查,确定拟选择的优势植物种类和配比,并结合种子千粒重、发芽率、发芽速度、苗木生长速度、边坡的岩性和坡率等确定边坡绿化植物的种类、数量。种子质量不得低于二级质量标准,如自行采集的乡土树种、乡土草种在使用前必须进行发芽试验以确定合适的播种量。

4)植物配比试验

选择不同环境条件有代表性地段的边坡进行植物配比试验,选用多种植物配比方案进行对比试验、观测,筛选出分别适应于不用气候段、不同坡面土壤条件、景观要求,且满足目标群落(如灌草丛、常绿阔叶混交林、针阔混交林等)的各类边坡最优植物配比方案。

5.3.2 直播法

1)撒播、点播

(1)按照设计要求放线。

(2)每平方米挖 4~6 穴,按丁字形开挖,穴深 3~5cm,穴宽 10~15cm。

(3)绿化材料的混合:种子经催芽处理后即与肥料按 1∶2 的体积充分混合,并搅拌均匀。

(4)将混合后的种子和肥料一次性点播到种植穴内,每穴点播 5~10 粒。

(5)种子点播结束后,及时对种植穴覆盖表土,一般覆土厚度为 2~3cm。

(6)浇水要均匀,同时水量不宜过大,可多次反复浇灌。

2)铺植草皮

(1)边坡平缓处采用平铺。较高较陡处采用钉铺,即自坡脚处向上钉铺,用小尖木桩或竹签将草皮钉固于边坡上。

(2)绿地草坪整体图案应美观。草坪应无杂草、无枯黄、无明显病虫害,无连续 $0.5m^2$ 以上空白面积。草坪成活率应≥95%。

(3)养护时间以坡面植被生长情况而定,一般不少于 45d。养护期间加强病虫害防治,并根据植物生长需要及时施肥,对稀疏无草区进行补种。

(4)洒水养护应用高压喷雾器使养护水成雾状均匀地湿润坡面,避免射流水冲击坡面形成径流。

5.3.3 喷播

(1)清理坡面。边坡修整后凸出或凹进均不得大于 10cm。不利于草种生长的坡面应回填改良客土,厚度不小于 10cm,并用水润湿让改良客土自然沉降至稳定。

(2)可采取客土喷播或液压喷播的施工方法。将客土、水、木纤维、草籽、黏合剂、保水剂等按照规定程序加入罐内搅拌,持续搅拌 5~10min。喷播时,由高向低进行喷播,喷洒幅宽 5~6m,幅高 1m,喷播接茬时应压茬 40cm。喷播的混合浆体应当具有良好的附着力及明显的颜色,喷射面不遗漏、不重复且均匀。

(3)喷播后应及时覆盖无纺布,坡顶延伸 30cm 用土压住,两幅相接叠加 10cm,用竹筷或 8 号铁丝做成的 U 形钉,按间距 100cm 进行固定。

(4)喷播后应加强绿化坡面管理,适时适度喷水、施肥,加强病虫害防治工作。草长到 5~6cm时,揭去无纺布,根据出苗的密度进行间苗补苗。

5.3.4 三维网植被绿化

(1)清理坡面碎石和塑料垃圾等,将粒径超过 20cm 的土块打碎,使其有利于有机基材和坡面的紧密结合。

(2)按照坡面纵向间距 20cm 开挖 3~5cm 深平行横沟。

(3)将各种物料在现场进行拌和,铲入湿喷机的搅拌罐中,加入水后机械混合搅拌至少 5min,喷射宜从正面进行,厚度应均匀。

(4)每平方米灌木种子播种量为 30~50g。按比例放入液压喷播机加入水、木纤维、黏合剂、保水剂、肥料,搅拌均匀后喷播。

(5)三维网在坡顶延伸 50cm 埋入截水沟或土中,然后自上而下平铺到坡脚,网间平搭、紧贴坡面,无折和悬空现象。

(6)固定三维网。

①填方边坡:选用 ϕ6mm 钢筋和 8 号铁丝做成的 U 形钉进行固定,在坡顶、搭接处采用主锚钉固定,坡面其余部分采用铺锚钉固定。坡面锚钉间距为 70cm,坡面锚钉间距为 100cm。

②挖方边坡:主锚钉选用 ϕ8mm 钢筋做成的 U 形钢钉,辅锚钉选用 ϕ6mm 的 U 形钢钉,在坡顶、搭接处采用主锚钉固定,坡面其余部分采用辅锚钉固定。坡面锚钉间距 50cm,坡面锚钉间距 100cm。

(7)喷播种子后,及时用无纺布覆盖好,然后用 8 号铁丝做成的 U 形钉进行固定,固定间距 100cm。当幼苗植株长到 6~7cm,揭去无纺布。

5.3.5　土工格室绿化

(1)清除坡面浮石、危石后,人工修坡。

(2)在坡面上按设计的锚杆位置放样,锚杆安设完成后,即悬挂土工格室,注意各单元间的连接,使土工格室张开贴紧坡面,并设置混凝土锚锭块。

(3)土工格室固定好后即可向格室内填充客土。客土应尽量选择种植土,充填前可适当湿润土体使之成团有利于施工。充填时可自下而上逐层进行,应使每个格室中的客土密实、饱满,并低于格室表面 1~2cm。

(4)按设计比例配合草种、木纤维、保水剂、黏合剂、肥料、染色剂及水的混合物料,并通过喷播机均匀喷射。

(5)喷播后及时用无纺布覆盖,按 40cm×40cm 的间距设置竹钉固定。

(6)根据植物生长需要及时追肥。草种发芽后,及时对稀疏无草区进行补播。

5.3.6　固化边坡绿化

(1)清理坡面、整平,按照设计图纸确定锚杆位置。

(2)安设锚杆,主锚杆为 ϕ16mm、$L=100$cm 螺纹钢筋,次锚杆为 ϕ12mm、$L=50$cm 螺纹钢筋,用早强水泥砂浆固定。

(3)将铁丝网沿坡面顺势铺设,拉紧网,铺整平顺后,用主锚杆与次锚杆将网从上至下固定,固定时,铁丝网与坡面保持 5~7cm 距离。主锚杆与次锚杆交错排列,间距为 1.5m。

(4)种植基材的准备。根据现场实际情况,将种植土、腐殖土、复合肥、保水剂、固化剂等按比例配制并混合均匀。

(5)用干式喷浆机将基材分3~4次喷射,总厚度在8~10cm。为了防止开裂,合理控制喷射时间间隔,第一层喷射的厚度2~3cm为宜,使改良土与施工面充分结合。

(6)基材喷射完成后,用液压喷播机将混有草种(8g/m^2)的营养泥均匀喷射于有机基材上。

(7)覆盖无纺布,并定期进行养护。

5.4 支挡工程

5.4.1 挡土墙

1)一般要求

(1)挡土墙施工前,应该首先做好截、排水及防渗设施。

(2)在岩体破碎、土质松软等地段修建挡土墙,避开雨季施工。

2)施工工序(图5-5)

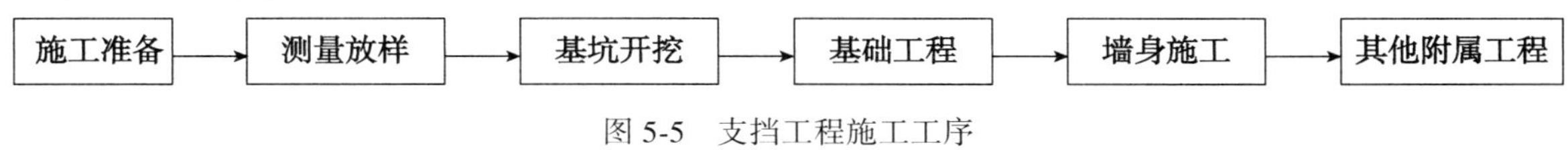

图5-5 支挡工程施工工序

5.4.2 浆砌片(块)石挡土墙

1)基坑开挖和检验

(1)基坑开挖应进行详细的测量定位并标出开挖线,边坡稳定性差且基坑开挖较深时,应分段跳槽开挖,并采取临时支挡防护或放缓坑壁边坡坡度。

(2)基坑开挖时,首先核对地质情况,并进行基底承载力及埋深检测,基底平面位置、断面尺寸、基底高程、埋深等满足设计要求,方可进行下道工序施工。若基底承载力不能达到设计要求,应报监理工程师进行变更设计处理。

(3)基槽开挖应做临时防、排水措施,坑内积水应随时排干,确保基坑不受水浸泡。

2)挡土墙基础

(1)基础的埋深、几何尺寸应符合设计及规范要求。

(2)墙基础直接置于天然地基上时,应经过检验并上报监理工程师批准后,方可展开施工。有渗水,应及时排出,在岩体或土质松软地段应避开雨季,分段集中施工。

(3)当基础设计有倒坡时,应按设计一次开挖成型,不得欠挖和超挖填补。

(4)基础位于岩体斜坡上时,应清除表面风化层,横向凿成台阶,台阶的高宽比不得大于2:1,台阶宽度不得小于50cm;沿墙长度方向有纵坡时,应沿纵向按设计及规范要求凿成台阶。

(5)基础应设置伸缩缝和沉降缝,同时,在地质变化分界处应增设沉降缝。

(6)砌筑第一层基础时,如基底为岩石时应先清洗、湿润基底表面,再坐浆砌筑或浇筑混凝土。

3)挡土墙墙身

(1)浆砌片(块)石挡土墙砌筑时必须立杆或样板挂线,内、外坡面线应顺适整齐,逐层收坡,在砌筑过程中应经常校正线杆,以保证砌体各部尺寸满足设计要求。

(2)石料抗压强度不小于设计规定,石质均匀、无风化、无裂纹,镶面石外露面及两个侧面、上下面须修凿,做到缝宽一致、整齐美观。

(3)砌筑墙身时,应先将基础表面加以清理、湿润,采用坐浆挤浆砌筑。若砌筑中断再次砌筑时,应将砌层表面加以清理、湿润。

(4)砌筑上层时,不得扰动下一层,严禁在已砌好的砌体上抛掷、翻转和敲击石块。

(5)挡土墙应分段砌筑,分段位置宜在伸缩缝或沉降缝处,各段水平缝应一致,相邻分段的高差不宜超过 120cm。

(6)在地质变化处必须设置沉降缝,伸缩缝和沉降缝要求垂直、上下贯通,不得错缝,缝隙用沥青麻絮等弹性材料填塞,深度为 15cm。

(7)挡土墙在砌筑过程中,必须按设计要求设置泄水孔,并在墙背进水孔设置反滤层,第一排泄水孔应高于边沟底 30cm,最低一排泄水孔应高出常水位 30cm。为保证泄水孔有效,泄水孔应采用 PVC 管埋置。

(8)砌体石块应互相咬接,砌缝砂浆饱满,砌缝宽度一般不大于 3cm(浆砌块石),上下层错缝不小于 8cm;砌筑时,一般应按先砌角石,再砌面石,最后砌填腹石的顺序进行,尽量使每层石料顶面自身形成一个较平整的水平面。

(9)砌体出地面后,砂浆强度达到设计强度的 75%时,方可进行墙背回填。

(10)混凝土挡土墙需要分层浇筑时,应注意预埋石笋,连接处混凝土面应凿毛,并在浇筑前清洗干净。

4)质量标准(表 5-5)

砌体挡土墙实测项目　　表 5-5

项次	检查项目		规定值或允许偏差	检查方法或频率	权值
1△	砂浆强度(MPa)		在合格标准内	按检评标准《公路工程质量检验评定标准 第一册　土建工程》(JTG F80/1—2004)附录 F 检查	3
2	平面位置(mm)		50	经纬仪:每 20m 检查墙顶外边线 3 点	1
3	顶面高程(mm)		±20	水准仪:每 20m 检查 1 点	1
4	竖直度或坡度(%)		0.5	吊垂线:每 20m 检查 2 点	1
5△	断面尺寸(mm)		不小于设计	尺量:每 20m 量 2 个断面	3
6	底面高程(mm)		±50	水准仪:每 20m 检查 1 点	1
7	表面平整度(mm)	块石	15(20)	2m 直尺:每 20m 检查 3 处,每处检查竖直和墙长两个方向	1
		片石	25(30)		
		混凝土块、料石	8(10)		

5.4.3　挂板式桩板墙

(1)桩基施工完成后,应将桩侧土体整平、夯实,做好临时排水措施,防止浸泡,脚手架应根据专项方案实施。

(2)根据设计要求,进行钢筋的制作及安装工作,竖向钢筋连接宜采用等强直螺纹连接。

(3)模板宜采用钢模,模板的强度和刚度满足设计和规范要求。采用对拉螺杆等措施对模板进行加固。

(4)应采用集中厂拌、串筒下料、分层浇筑、振捣,分层厚度不大于50cm,振捣时,振动棒应插入下一层5~10cm。混凝土应及时养护,养护时间不得小于7d。

(5)桩身混凝土强度达到设计强度的75%及以上,方可进行挡土板安装。

(6)挡土板安装过程中,应按设计要求同步进行墙背回填,并设置排水设施。

5.4.4 质量控制要点和监理要点

(1)砌体表面应平整,砌缝完好、无开裂现象;勾缝应平顺、无脱落现象,泄水孔坡度应向外,无堵塞现象;沉降缝应整齐垂直,上下贯通,施工完后用麻絮沥青填塞。

(2)混凝土的表面应平整,表面的蜂窝麻面严禁超过该面积的0.5%,深度不得超过8mm。

(3)位于弯道上的挡土墙应平顺、圆滑且美观。

5.5 抗滑桩

(1)技术准备工作。

①抗滑桩平面位置应按图纸放样,整平孔口地面,做好桩区地表截、排水及防渗工作。在雨季施工时,孔口应搭雨棚。

②孔口地面下0.5m内应先做好加强衬砌,孔口地面上加筑适当高度的围埂。设置桩孔内排水、通风、照明设备。

③设置好对滑坡变形、移动的观测设施,在滑体和建筑物上建立位移和变形观测标志。做好作业人员的安全防护技术措施,防止施工期间的突发事故。

(2)挖孔。

①应分节开挖,每节高度宜为0.6~2.0m,挖一节应立即支护一节。围岩较松软、破碎或有水时,分节应较短。分节不得在土石层变化和滑动面处,具体要求见表5-6。

抗滑桩开挖要求 表5-6

序　号	地质类别	每节开挖深度(m)	说　明
1	扰动松散土或弃渣	0.6~1	1.含水地层灵活掌握 2.井口一节应高出地面0.3~0.5m
2	中密土夹石	1~1.5	
3	密实黏土、砂黏土、夹卵石、碎石	1.5~2	

②孔下工作人员不宜超过2人,必须戴安全帽。随时测量孔下空气污染浓度,必要时应增设通风设施。孔下照明必须采用安全电压。

③出渣进料的升降设备,宜采用0.3~0.5t的电动卷扬机,无条件时可采用人力绞车。

④井下爆破,孔深3m以内可采用火花起爆,大于3m宜采用迟发雷管电器引爆。爆破

时孔口应上盖封闭,爆破后用高压风管吹风排烟,喷水降尘,下井前须检测孔内有毒气体的浓度,确保安全后作业人员方可下井。

⑤施工过程中,因土层软弱、松散、地下水作用产生孔壁塌方时,护壁厚度、钢筋应适当加强,塌腔内使用同级别混凝土填充。若塌方较严重时可采用钢护壁。

⑥井内人员上下用直径 16~19mm 的钢筋梯,每节长度 2~4m、宽 0.3~0.5m,使用时顶节插入预埋环中,其余逐级挂口,或分节扣挂于井壁预埋 U 形杆件上。

(3)护壁浇筑前应清除孔壁上的松动石块、浮土。护壁厚度应符合设计要求。在地质松软破碎或有滑动面的节段,应在护壁内加强支护,并注意观察其受力情况。浇筑护壁混凝土时不得侵占抗滑桩截面空间。

(4)浇筑桩身混凝土。钢筋笼宜采用工厂化制作,整体吊装或分节安装。灌注混凝土必须连续作业,浇筑混凝土时孔底积水不得超过 5cm,必须采用振捣器捣实。

(5)桩间支挡结构、排水、防渗等设施,均应与抗滑桩正确连接,配套完成。

(6)质量标准(表 5-7)。

抗滑桩实测项目　　　　表 5-7

项次	检查项目		规定值及允许偏差	检查方法或频率	权值
1	混凝土强度(MPa)		在合格标准内	按检评标准《公路工程质量检验评定标准　第一册　土建工程》(JTG F80/1—2004)附录 D 检查	3
2	桩长(m)		不小于设计	测量绳:每桩测量	2
3	孔径或断面尺寸(mm)		不小于设计	探孔器:每桩测量	2
4	桩位(mm)		100	经纬仪:每桩测量桩检查	1
5	竖直度(mm)	钻孔桩	1%桩长,且不大于 500	测壁仪或吊垂线:每桩检查	1
		挖孔桩	0.5%桩长,且不大于 200	吊垂线:每桩检查	
6	钢筋骨架底面高程(mm)		±50	水准仪:测每桩骨架顶面高程后反算	1

6 排水工程

6.1 一般规定

(1)路基工程完工后,建设单位应组织各参建单位、地方政府对路基的排水系统进行核查,结合路面工程的排水设施,进一步补充、完善排水系统。

(2)排水设施应与路基同步施工,坚持高接远送原则,及时做好路基施工过程中临时排水及永久性排水系统,并应注意排水系统与自然水系的衔接,及时进行管理与养护,保障排水系统水流的畅通。

(3)排水设施断面尺寸应根据实际汇水面积确定,路基排水沟内侧边缘距路堤坡脚应不小于1m。

(4)排水沟、边沟开挖前应对原地表整平、压实,表层30cm的压实度不小于90%。边沟、排水沟和急流槽等小断面排水设施宜选用水泥混凝土预制或现浇结构,要重视各排水设施衔接处的处理,防止漏、渗水。预制构件应采取集中、工厂化的管理模式进行预制,有条件的项目可多标段集中预制。

(5)在填挖交界处地下水丰富的地段设置盲沟,根据地形设置截排水组合形式的盲沟。挖方路基和半填半挖路段当土体含水率较大时,应设置纵、横向盲沟。坡脚设置的边沟(排水沟)应与各种水沟的连接应顺畅。

(6)路基施工过程中,应随时保持一定的排水横坡或纵向排水通道,施工作业面不得有积水,按照截、排、疏的原则,防止水流冲刷边坡。

(7)蒸发池距离路基原则上应不小于30m,且必须设置梳型盖板。

(8)在路堑顶部根据需要布设一条或多条截水沟,截水沟的基础应进行加固和防渗处理,采用预制构件进行施工,也可选用U形槽或浅蝶形的结构形式;构件安装时其底部应设置隔水土工布防渗层。平台上应设置排水沟,排水沟的出水口必须将水引至桥涵进水口或其他合理位置,一般不得将水引入路基边沟中,除非设置急流槽和跌水坎。

(9)排水工程砌筑用砂浆必须集中拌和,拌和采用能够准确计量的强制式拌和机,且应随拌随用,砂浆必须在初凝前使用,已初凝的砂浆必须废弃。

(10)沿线设置的取土场,其边缘距路基距离原则上不得小于30m,并保证临时排水系统的畅通,减少施工过程中积水现象。

(11)在存在积水或排水不畅的通道附近,可设置蓄水池作为排水设施,并加强养护。

(12)当重要的隐蔽工程或重要工序完成后,监理工程师应请建设单位、设计代表参加验收。

6.2　地表排水

6.2.1　边沟、排水沟、截水沟

1)施工工序(图 6-1)

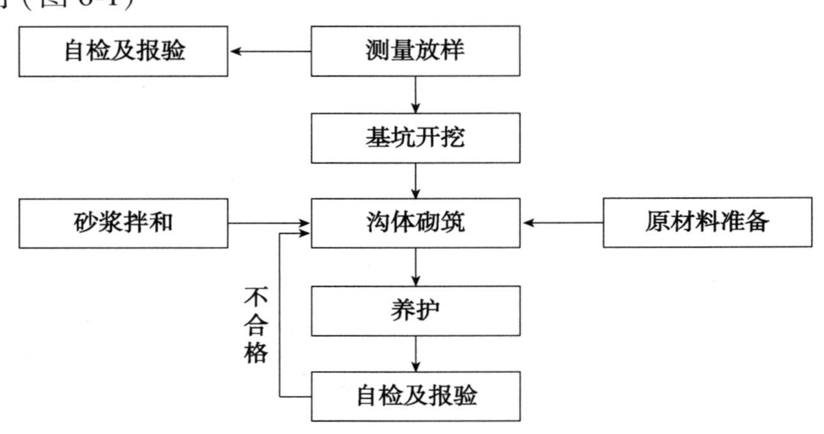

图 6-1　边沟、截水沟、排水沟施工工序

2)施工要点

(1)排水沟、边沟、截水沟的测量放样应适当加密，确保沟体线形美观，达到线形直顺、圆滑，并按设计要求设置沉降缝。

(2)路基排水应按照设计及规范要求施工，依照实际地形选择合适的位置将地面水和地下水导排出路基外，并与自然水系相衔接。

(3)截水沟应在路基施工前先施工，截水沟加固后，在山坡上方一侧的砌体与山坡土体连接处，容易产生渗漏水，应严格进行夯实和防渗处理，特别是地质不良地段、土质松软路段、透水性大或岩石裂隙较多地段，截水沟应采取沟底、沟壁、出水口加固措施。做好夯实和防渗处理。

(4)截水沟顶面应略低于自然坡面，若遇冲沟应设缺口将水导入截水沟。

(5)截水沟的长度超过 500m 时应设置出水口，将水引入自然河沟或桥涵进水口。截水沟的出水口，宜设置排水沟、急流槽或跌水，与其他排水设施平顺衔接。

(6)截水沟出水口一般应设深度不小于 1m 的截水墙或消能设施；排水系统应完善，不得随意排放或直接冲刷边坡。

(7)边沟、排水沟施工放样一般以两个结构物之间的长度为一个单元，以确保边沟、排水沟与结构物的进出水口衔接顺畅。

(8)为防止边沟水流满溢或冲刷，应尽可能地利用当地的有利地形条件，在边沟上分段设置出水口，及时将水流排出路基外。三角形边沟每段长度不宜超过 200m，多雨地区梯形边沟每段长度不宜超过 300m。

(9)边沟纵坡应与曲线前后沟底纵坡平顺衔接，不允许曲线内侧有积水或外溢现象。曲线外侧边沟深度应适当加深。

(10)边沟的加固，土质地段的边沟沟底大于 3%时易被水流冲刷，应采取加固措施。采

用干砌片石边沟铺砌时,应选用有平整面的片石,砌缝用小石子嵌紧;采用浆砌片石铺筑时,砌缝砂浆强度应符合设计要求,砌缝砂浆应饱满,沟身应不漏水;采用沟底抹面加固时,抹面应平整压光。

(11)排水沟距路基坡脚不宜小于2m。排水沟的出水口应用跌水和急流槽将水流引入路基以外或桥涵构造物。

(12)沟槽开挖至设计轮廓线时应留出5~10cm,由人工修整成型,确保边沟、排水沟的边坡平整、稳定,严禁贴坡。基坑开挖后,需进行沟底高程复测,确保沟底纵坡衔接平顺。

(13)路堑边沟内侧墙和路堤拱形护坡拱顶墙,每隔50~70m应设20cm×20cm临时排水孔,排水孔底面应高于边沟底高程10cm,在凹形竖曲线低处应增设临时排水孔。

(14)施工期间永久性排水应与临时排水相结合,防止雨水冲刷;如路堑边沟每隔50m预留排水孔道,路堤每隔50m采用机砖砌筑宽0.7m临时流水槽与坡脚排水沟相连接。

3)质量控制要点和监理要点

边沟应满足断面尺寸和纵坡,内侧及沟底应平顺,无松散土及杂物。

当边沟、截水沟及排水沟沟面不平整、表面凹凸不平、线形不顺畅时,应按以下几点来进行质量控制。

(1)准确放样,立牢标准杆,挂线稳定,有专人负责检查标准杆牢固情况。

(2)注意小半径弯道处的标准杆距,以防折角等问题。

(3)随砌筑随检查,保证平整度不超限。

6.2.2 跌水、急流槽

1)施工要点

(1)跌水的台阶高度应按设计或根据地形、地质等条件决定,多级台阶的各级高度可以不同,其高度与长度之比应与原地面坡度相适应,台阶高度应不大于0.6m,不同台阶坡面应上、下对齐。

(2)跌水可用浆砌片石或水泥混凝土浇筑,沟槽、壁及消力池的边墙厚度:浆砌片石为0.25~0.4m,混凝土为0.2m,高度应高出计算水位至少0.2m,槽底厚度为0.25~0.4m,出口设置隔水墙,并设消力槛。

(3)急流槽的基础应嵌入地面以下,其底部应砌筑抗滑平台并设置端护墙。

(4)急流槽分段砌筑时,每段长宜控制在5~10m,接头处应采用防水材料填缝,确保密实无空隙。

(5)急流槽宜砌成粗糙面,或嵌入约10cm×10cm坚石块,用以消能减小流速。

(6)对汇水面积较大的路堑边坡急流槽,应考虑加大、加深急流槽尺寸,并在底部设消能设施后,导入路基排水系统。

2)质量控制要点和监理要点

急流槽、跌水用水泥混凝土现浇时,所用的混凝土及砂浆强度应符合设计要求。配合比准确,浆砌缝隙砂浆应饱满,勾缝密实。设置坡度应顺直,无折坡现象,槽内抹面应平整、直顺,不得有空洞和裂缝现象。

检查混凝土坍落度、和易性。

(1)定型钢模板支设的牢固性、顺直度。

(2)急流槽是否按要求伸入地面以下,以及抗滑平台、端防护情况。

(3)急流槽混凝土浇筑厚度是否符合设计要求。

(4)超高段的急流槽是否设置在最低点。

(5)超高段中央分隔带排水管接头处理是否密实不漏水。

6.3 地下排水

6.3.1 渗沟、盲沟

1)施工工序(图6-2)

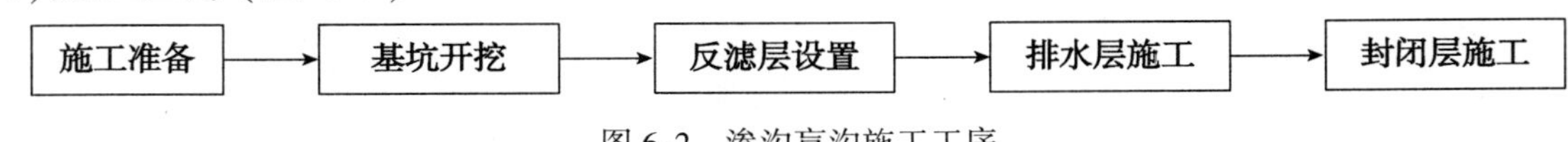

图6-2　渗沟盲沟施工工序

2)施工要点

(1)在地下水位高、流量不大、引水不长的地段可设盲沟,其深度不宜超过3m,宽度一般为0.7~1.0m;地下水埋藏较深和引水较长地段,可设置有管渗沟,其深度可达5~6m。

(2)各类渗沟均应设置排水层、反滤层和封闭层。

(3)渗沟、盲沟的基坑开挖宜自下游向上游进行,应随挖随即支撑或回填,支撑渗沟应间隔开挖。

(4)渗沟开挖深度超过6m时,须选用框架式支撑,在开挖时自上而下随挖随加支撑,施工回填时应自下而上逐步拆除支撑。

(5)盲沟的埋置深度,不得低于原有地下水位的要求。需要排除层间水时,盲沟底部应埋于最下面的不透水层上。

(6)当采用无纺土工布作反滤层时,应先在底部及两侧沟壁铺好土工布,并预留顶部覆盖所需的土工布,拉直平顺紧贴下垫层,所有纵向或横向的接缝应交替错开,搭接长度均不得小于30cm。

(7)盲沟的底部和中部用较大碎石或卵石(粒径30~70mm)填筑,在其两侧和上部填筑约15mm厚的细颗粒粒料(中砂、粗砂、砾石)作为反滤层,逐层的粒径比按4∶1递减。粒料小于0.15mm的含量不得大于5%。在盲沟顶部做封闭层,应用防渗材料铺成,夯实黏土防水层厚度不小于0.5m。

(8)渗沟的出水口宜设置端墙,端墙下部留出渗沟排水通道,端墙排水孔底面比排水沟沟底的高度不小于0.2m。端墙出口的排水沟必须进行加固,防止冲刷。

(9)填石盲沟适用于渗流不长的地段,且纵坡不能小于1%,宜采用5%,出水口底面高程,应高出沟外最高水位0.2m。

(10)暗沟沟底必须埋入不透水层内,沟壁最低一排渗水孔应高出沟底至少20cm,并设置一排或多排向沟中倾斜的渗水孔;沿沟槽底每隔10~15m或在软硬岩层交界处设置沉降缝与伸缩缝。

6.3.2 质量标准

（1）反滤层应用筛选过的中砂、粗砂、砾石等渗水性材料分层填筑，分层检查。

（2）盲沟施工质量标准见表 6-1。

盲沟实测项目

表 6-1

项次	检查项目	规定值或允许偏差	检查方法或频率	权值
1	沟底高程（mm）	±15	水准仪：每 10~20m 测 1 处	1
2	断面尺寸（mm）	不小于设计	尺量：每 20m 测 1 处	1
3	反滤层	在合格标准内	筛分法：每 20m 测 1 处	1

7　改扩建工程路基施工

7.1　一般规定

(1)建设管理单位应组织编写施工作业指导书,结合实际对交通保畅、场地清理、地基处理、路基拼接、施工排水等工艺提出要求。新老路基结合部的处理应作为质量控制的重点。

(2)改扩建工程的旧路利用段应实行动态设计,现场不断地优化、完善设计。

(3)建设必要的临时设施,保障跨线桥、通道等构造物的正常使用,不得影响周围群众正常生产、生活。

(4)对收费站、服务区、停车区改造时,应保障基本的服务功能。

(5)积极推广和应用新技术、新设备,坚持环保、节约的理念,应重视再生技术的应用,尽可能地利用原有公路的设施、材料。

(6)各参建单位应重视交通组织与管理工作,制订交通保畅方案。

在通车路段施工,要设立专职的交通管理人员,应按照养护规范中关于交通标志设置的要求,摆放有效的交通引导标志、限速标志和必要的警示灯、照明设施等,保障道路的安全畅通,制订边通车边施工现场交通维护的专项方案。

(7)制订安全生产管理办法,加强与运营、交警、路政等部门的联系,经常性地开展安全生产教育,所制订的施工方案应满足实际安全生产的要求,杜绝交通安全责任事故。

(8)制订相关应急预案。对交通事故的处理应反映迅速、处置灵活、抢险稳妥、救援及时。

7.2　施工准备

(1)路基开工前应做好施工测量工作,其内容包括导线、中线、水准点复测,横断面检查与补测,增设水准点等。

(2)应根据设计文件提供的资料,对取自挖方、借土场、料场的路堤填料进行复查和取样试验,挖方、借土场和料场用作填料的土应进行相关土工试验,完成试验的报批工作。

(3)取土场选定时,应进行详细的勘探工作,防止出现土质变化、土石夹层、淤质夹层等现象。

(4)取土场使用前应开挖土场临时排水沟,修建临时便道,按照条式取土法取土;取土坑一次取土深度不超过3m,取土坑四周的边坡坡度满足规范要求。

(5)机械准备。每个施工段(不超过2km)最少应配置:平地机1台(砂砾路基除外)、重型振动光轮压路机2台(激振力+自重≥50t)、挖掘机1台、推土机1台、重夯设备三套、小型压实机具、洒水车、其他辅助机械和设备等(灰土垫层施工应配路拌机1台)。

(6)应对施工人员进行岗前技术培训、安全教育。

(7)做好详细的施工组织设计和工作安排,分项工程开工报告得到批复。

(8)临时便道、便桥已完成。修建的临时便道应保证施工过程的使用,高于原地表40~80cm,土基密实,简易砂石路面厚度不小于20cm。主线便道设置在界桩以内,保持线性顺畅,平时应加强对便道的养护。对附近无法绕行的河流,须修建临时便桥。

(9)应完成长度不少于200m的试验段,确定施工工艺、松铺厚度等参数,试验路的成果得到批复,正常施工路段应按照批复的试验路段成果指导施工。

(10)场地清理已结束。在填方地段的原地面应进行表面清理,包括原隔离栅、隔离网以及路堤防护圬工砌体。清出的种植土应集中堆放。对于路基范围内的水井、墓穴、沟渠等,按有关要求提前处理。

(11)应完成下列工程。

①扩建段原路基的病害处理(原路基不均匀沉降、桥头路基沉陷)。

②加宽拼接段的特殊路基处理(砂砾垫层、湿陷性黄土、软土地基)。

③加宽段路基基底处理(强夯、重夯)。

④原路基结构物处已完成必要的防护加固工程。

⑤临时排水设施已完成,特别是原道路的涵洞、通道的排水、通行已解决。

A.可在便道内侧开挖临时排水沟,铺设双层彩条布,根据地形调整纵坡以便将雨水及时排出路基外,临时排水沟和灌溉渠不能共用和互通。

B.应先做好截水沟、排水沟等排水设施,排水沟的出口应通至桥涵进出口处,排、截水沟挖出的废土应堆置在沟与路堑边坡顶一侧,并予以夯实。

C.对旧路面的表面排水,集中后设置排水通道,防止对开挖台阶的冲刷。对中央分隔带排水、超高段横向排水管应临时引至新路基外的排水沟中。

7.3 路基拼接施工

(1)施工前应对地基状况进行核查,应选择合理的施工方案,保障软土处理、路基拼接后原路基的稳定性。

(2)土质路基。

①台阶开挖宽度120cm、高度80cm,由底至上开挖,开挖一级填筑一级。

②台阶的开挖采用挖掘机结合人工的方式进行。对台阶处的原老路填土进行天然含水率和力学性能的检验。

③台阶立面要求机械开挖时预留10cm,台阶壁设置1∶0.2斜坡。

④应结合路基施工分段落、分级进行开挖。高填方路段,应对老路基进行稳定性验算后再决定台阶开挖的工序。台阶自下而上随填土进度逐层开挖。

⑤在进行路基填筑时,应加强与原老路台阶结合处的碾压,人工清理台阶结合处的虚土,然后碾压到边。对于老路基的结合部位,应作为重点进行施工。

⑥台阶开挖时若老路堤出现渗水,须及时上报,处理后才可继续施工。

⑦尽量避免老路基开挖断面长时间的暴露,当路基填筑完成一层时方可开挖上一层台

阶,降雨时及时对已开挖的老路基台阶采用防水布进行覆盖。

(3)砂砾路基施工。

①砂砾路基台阶开挖不易成型,应由下向上分层填筑。新旧路基结合部位,每填筑一层,应用推土机按分层填筑厚度的2倍宽度向旧路基内侧吃推搭接。在碾压搭接结合部位时应增加碾压遍数,压实度适当提高。

②在施工时应清除原路基搭接部位超粒径的填料。

(4)高填方路基拼接施工。

①高填方路堤施工应加强沉降观测,并根据拼接施工特点,增加水平位移观察,并严格控制填筑速率。

②高填方路段由于施工期较长,应严格做好排水措施,防止雨水从拼接面下渗。同时做好拦水埂和泄水沟,防止雨水对路基边坡冲刷。

③高填方路段的边坡台阶开挖应在验算路基稳定性后实施。不宜一次性开挖过大、过高。

(5)施工要点。

①每一压实层均应检验压实度,合格后方可填筑其上一层。对拼接段的路基填筑压实度的控制应作为平时检测工作的重点。对新老路基拼接内侧1m的压实度检测宜加大频率,且点点合格,压实标准应提高1%。

②结构物台背回填施工的纵向、横向开挖台阶尺寸宜为宽度120cm、高度80cm,由底至上开挖,开挖一级填筑一级。采用反开挖施工的涵洞、通道的台背回填台阶开挖,其宽度和高度均为30cm。

③土路基段的开挖施工应尽量避开雨季施工,缩短施工周期。

④路基台阶的开挖可采用开挖一级填筑一级的方法,逐级开挖、逐级填筑;原土路堤边坡清除表土后出现的松散、过湿、翻浆、沉陷、冲沟等病害需进行相应的换填、挖出处理后,再进行开挖台阶施工;原路基为砂砾路基时,清表后出现松散、沉陷应采用换填或注浆处理,然后进行开挖台阶施工。

7.4　石方挖方路基拓宽

(1)路堑开挖以尽量不爆破为原则,如石方开挖必须采用爆破施工,则爆破规模必须采取小型爆破,并采用预裂控制爆破和光面爆破方式,同时每次爆破必须有计划、有审批、有组织、定时、定点、定规模进行。

(2)沿路线纵向拟采用在需爆破的路堑上靠行车道侧先预留爆破防护墙,并加设双排脚手架和安全网进行防护,防止大量飞石滚入高速公路。

(3)在运营的高速公路边坡上爆破时,应临时封闭交通。

(4)爆破方案设计原则。

①采用中浅孔和深孔相结合多段微差松动爆破和微分装药,爆破作用控制在松动爆破范围内,根据不同爆破环境控制适当的单耗。

②采取密孔分散药量和松动爆破措施,控制飞石,减少冲击波超压和噪声。

③采取适当覆盖和必要的防护、加固措施,以防止个别飞石的危害;采取监护、撤离、疏散措施,防患于未然。

④充分考虑爆破震动对周围建(构)筑物的影响,采取限制单段药量,控制爆破规模,增加起爆次数,分区多工作面施工等方法,对震动进行测试监测。

⑤在施爆开始和邻近设施时,加强爆破震动监测,并及时将监测结果提供给现场工程技术人员,以便严格控制最大一段装药量,确保周围建构筑物的安全。

⑥爆破施工前必须对周围环境进行调查,以基本不干扰主线交通,实施短时间封闭交通(30min 以内);不能对周围建筑物产生破坏效应。

⑦落实施工布置,特别是防护、加固措施的实施;控制飞石在安全范围内,确保高等级公路行车和人员安全;确保电力通信设施安全等。

(5)土石方挖运。

①爆破施工与土石方挖运同步进行,即采取边挖运边爆破的配合方式进行。每一区爆破后,将各路钻爆工具、机械运至下一作业区区段的顶面上,开始钻孔作业。爆破完成的作业区采用挖掘机和装载机装渣,自卸车运输填筑于路堤地段或运至弃渣场。

②在拓宽工程爆破施工时,如要确保高速公路双向四车道不间断运营,爆破石渣不能直接抛掷路堑以下,且爆破在靠近高速公路一侧应预留防护墙,靠近山体一侧预留光面爆破层,中间爆破宽度较窄,空运输车需要倒车进入爆破区装料,正向开出运走。

7.5 涵洞及通道拼接

7.5.1 病害检查及处理

(1)清理涵洞内的淤积残留物,涵洞全长范围内的淤积残留物层均不大于 10cm。

(2)检查涵洞、通道内的混凝土是否存在裂缝、空洞、麻面蜂窝等病害,并做好记录。

(3)检查涵洞通道的沉降变形。查勘沉降缝的错台、漏水、各管节接缝开裂、通道顶板渗水等,存在问题时应采取封水措施。

(4)存在下列情况之一的须作为危涵洞、危通道,应按程序上报,补强完成后才可进行拼接施工。

①纵横向裂缝交叉或贯通,裂缝宽度>0.3mm,裂缝深度>1/3 结构物厚度,渗漏现象严重。

②结构物表面风化严重,麻面、蜂窝连成片,面积>10%结构物表面积,混凝土强度明显衰减。

③空洞、露筋现象严重,多处受力钢筋外露并锈蚀严重。

7.5.2 地基处理

(1)软土地段必须按照设计要求先进行地基处理。若采用水泥搅拌桩处理时,必须待搅拌桩达到设计强度后再做垫层和基础,垫层材料可用碎石,并确保垫层的压实度满足规范要求。

(2)非软土地段,须测定土基的承载力,承载力不足时,按设计文件实施。

7.5.3 洞口拆除

(1)涵洞、通道拼接前应将洞口的一字墙、八字墙、锥坡、洞口铺砌、挡水墙等原有构筑物拆除。

(2)拆除洞口构筑物可采用切割、凿除等方法,严禁使用静态爆破法,或不当的锤击。

(3)填土高、孔径大的暗涵、通道,拆除洞口结构物时,应兼顾洞口两侧路基的稳定性。对于存在病害的暗涵、通道,必要时应采取临时支护,确保洞口拆除时的结构安全和施工安全。

7.5.4 临时排水

(1)涵洞自身排水,宜采用堵排结合的方法,采用封闭式排水措施,不得出现漏水浸泡基坑的现象。

(2)有条件改道排水时,应防止水浸泡地基的现象。

7.5.5 箱涵、箱式通道拼接施工

(1)原有箱涵、箱通的混凝土基础在拼接施工前凿开,并设置沉降缝。

(2)应采用大块模板拼装施工,单块模板面积≥$2m^2$,模板拼装缝隙要求平整、紧密、不漏浆,宜采用防水胶泥围缝。

(3)选择连续级配防水混凝土,混凝土强度保证率>95%,第1次浇筑底板和侧墙30cm,强度达到70%后进行第二次浇筑并一次完成。

(4)老箱涵、箱式通道洞口一字墙拆除后外露的钢筋头先涂一层环氧树脂,再做一层砂浆抹面,防止钢筋锈蚀。

(5)工作缝外侧采用橡胶止水带、遇水膨胀橡胶条综合处理,内侧用沥青麻絮填塞,表面用砂浆勾缝。

(6)为了减少新老通道之间的垂直沉降差,扩建通道与原通道的接缝可采用植筋拼接的刚性固结形式,植筋拼接施工工序如下:

①检查老通道是否有缺陷,对顶、底板顶面进行检查,是否有裂缝,如有裂缝须采取措施修补、加固。

②凿除通道、箱涵的护栏底座。

③通道、箱涵端墙凿毛处理。

④用钢筋探测仪测出植筋处混凝土内的钢筋位置,核对、标记植筋部位,以便钻孔时避让钢筋。

⑤孔位放样后采用电锤钻进行钻孔,并根据钢筋或螺杆直径选择孔径和孔深。

⑥成孔后孔眼必须用毛刷将孔壁的浮尘反复清刷干净,或用空压机的强风彻底吹洁孔壁,重复至少三次以上,不要留下灰尘或泥浆,并保证孔眼处于干燥状态。

⑦清孔结束以后,采用与植筋胶品种相配套的植筋胶枪向孔中注射胶体,注入胶体大约为孔体积1/2。

⑧及时将备好的钢筋或螺杆旋转着缓缓插入锚孔底,使得锚固剂均匀地附着在钢筋或

螺杆表面及缝隙中,使胶与钢筋、孔壁全面黏结。

⑨植筋完成以后,必须做好植入钢筋的固化期保护作用,禁止扰动、碰撞钢筋。

⑩植入钢筋必须按1%且至少1根的频率随机抽检进行抗拉拔试验。

7.5.6 盖板涵拼接

(1)支座垫板采用三油四毡,提前预制成支座垫板块,安装盖板前平铺在台帽上。若台帽不平整,则用1:2水泥砂浆将垫板支平,确保盖板四周均匀受力。

(2)严格按照通用图和施工规范要求进行防水层施工,涵台顶部两侧做好排水盲沟,不允许出现盖板漏水现象。

(3)涵洞洞底铺砌进出口必须做挡水墙,防止铺砌时出现脱空现象。

(4)凡用块片石砌筑的涵台铺砌和八字墙均用1:2砂浆勾缝,勾缝凸出5mm,先填后勾,保持美观整齐。

(5)变形缝止水处理,用沥青麻絮填塞,暴露面用水泥砂浆勾缝。

7.5.7 倒虹吸拼接

(1)按照管涵的施工要求进行施工。凿出混凝土包封部分钢筋,与新钢筋焊接成整体。

(2)钢筋混凝土倒虹吸新老接头若断开,按变形缝做止水处理;若设计要求新老接头不断开,则将老的洞身凿除20cm,新老钢筋焊接成整体,混凝土拼接缝处理后确保不渗水。

(3)防水处理:混凝土采用连续级配防渗混凝土,表面防水层和变形缝止水采用橡胶带,严格按现行《公路桥涵施工技术规范》(JTG/T F50—2011)的要求进行施工。

(4)基槽工作宽度每侧不小于60cm,须采用水稳定性好、密封性强、强度高的材料,回填至路床顶面。

(5)进出口铺砌确保不渗漏,保证水渠边坡稳定。

(6)应进行压水试验,检查其渗漏情况。

7.5.8 注意事项

(1)涵洞、通道两侧回填和路堤同步,防止出现单侧偏压。

(2)洞口铺砌应适当延伸到隔离栅以外,与地方水系顺接,或与路基排水边沟顺接。

(3)隔离栅跨越涵洞进出口时,可设置固定栅栏,防止牲畜穿越。

(4)在边坡两侧适当位置可设置临时急流槽,将路面水排到线外临时边沟。

(5)尽量避免在雨季和农田灌溉高峰期进行涵洞拼接施工。

8　特殊季节路基施工

8.1　一般规定

(1)路基施工前,应根据工程量、合同工期、机械配置等制订科学的规划,合理安排路基施工的各项工作,尽量避免冬、雨季施工。

(2)冬、雨季施工,应加强气象信息的收集工作,并根据当地气候特点和施工地段地质地形条件,制订合理的专项施工方案及相应的施工应急预案,采取有效措施,预防和减少灾害、损失。

(3)冬、雨季施工期间,应保持与气象部门的联系,建立长效的联动机制,根据天气、气温、风力的变化,及时调整施工方案。

(4)冬、雨季施工应根据季节特点、当地气候条件,结合地形、地貌、施工位置,制订合理的施工方案。

(5)沿河道施工时,应保持与水行政部门的联系,密切注意水流大小的变化,预防安全事故的发生。

(6)冬、雨季施工应加强安全管理、安全教育,制订专职的安全员制度,制订防汛、防火、防台风、温度急剧变化等各种应急预案,做好防洪抢险的准备工作。

(7)在山岭重丘区地区或深路堑施工,根据地形、地质状况,做好防、排水工作,尽可能减少水毁、自然灾害所产生的损失。

(8)应重视雨季施工的排水工作,根据施工组织设计和工作计划,在施工作业面及其相关区域,须设置完善的排水系统,并做好抢险准备工作。

(9)冬季施工应做好充分的防冻措施,对路基填筑、混凝土浇筑、构件预制等的施工应按要求做好预防工作,不得降低质量标准。

8.2　雨季施工

8.2.1　路基基底处理

(1)在雨季前应将基底处理好,孔洞、坑洼处填平夯实,整平基底,并设纵横排水坡。

(2)低洼地段,应在雨季前将原地面处理好,并将填筑作业面填筑到可能的最高积水位0.5m以上。

(3)在地势较为平坦的路段施工时,应在路基外侧设置20cm高的土埂作为临时排水设施,将地表水引出路基之外,并防止雨水浸泡路基。

(4)结构物基坑在雨季开挖后未能及时施工时,应采取防浸泡措施,雨后对基坑地基承载力重新进行检测。路肩式挡墙施工应适当增加排水口,使雨水能迅速排出路基,确保雨过天晴后能迅速投入生产。

(5)制订雨季施工安全应急预案,做好防洪抢险和路基防冲刷准备工作。

8.2.2 填方路堤施工

(1)雨季填筑路堤,填料应选用碎(卵)石土、砂砾、石方碎渣和砂类土等透水性材料。

(2)原地面施工时,应增加排水设施,雨后应组织人员及时排除路基表面积水,在上料前应组织复压复检。

(3)分层填筑时,每层的表面应确保2%~4%的排水横坡。应增加临时排水设施,将水流截、引、排至路基外。雨季施工各道工序应连续进行,当天填筑的土层应当天(或雨前)完成压实,保持施工场地不积水。

(4)在填筑路堤前,应在填方坡脚以外挖掘排水沟,将水流引至附近桥涵处或预留的桥涵缺口处,保持场地不积水。如原地面松软,应采取换填等措施进行处理。在斜坡地带修筑路堤,应当开挖截水沟,以免冲刷路堤。

(5)取土场的土方开挖过程中,雨后复工前应进行检查,如边坡上部有裂缝或坡面有开裂,应慎重处理后方可继续施工。

(6)沿溪流或河道的施工,应警惕发生洪水的可能,除加强与当地水文站的联系外,还应将不需要的机械、材料等及时移出施工现场。

(7)每天了解当地天气变化情况,准备好防渗土工布或彩条布、混凝土预制块,遇到阴雨天气及时碾压封住路基顶面,待天晴后再行施工。

8.2.3 挖方路基施工

(1)雨季,应做好施工项目安排。土方路堑作业应选择砂类土、碎砾石和弃方段施工,并应严格进行通行车辆管制,除施工车辆外,应严格控制其他车辆在施工场地通行,不良土质如膨胀土及利用方地段不得在雨季施工。

(2)为了保证施工质量及施工安全,根据雨水情况,在路堑施工过程中,应合理安排工程项目进度。对边沟、排水沟、截水沟及弃土堆的整理等,应在雨季前完成。应修建临时排水措施,保证雨季作业的场地不被洪水淹没,并能及时排出地面积水。

(3)挖方边坡不宜一次挖到设计坡面,应预留一定厚度的覆盖层,待雨季后再修整到设计坡面。

(4)雨季开挖路堑,当挖至路床顶面以上30~50cm时应停止开挖,并在两侧挖好临时排水沟,并确保排水通畅。待雨季过后再施工。

(5)雨季开挖岩石路基,炮眼应水平设置。

8.2.4 注意事项

(1)下列分项工程应尽可能避开雨季施工。

①地势低洼地段及高填深挖段的土质路基施工。

②工程不良地段(如泥石流、滑坡或崩塌)的路基施工。

③路基96填筑区。

（2）应在高填方地段的路基顶面设置截水埂，并每隔50m开口设置临时排水沟，应采用浆砌进行砌筑，以避免冲刷边坡。

8.3　冬季施工

8.3.1　一般要求

（1）在季节性冻融地区，昼夜平均温度在-3℃以下，且连续10d以上，或昼夜平均温度虽在-3℃以上，但冻土没有完全融化时，均应按冬季施工办理。

（2）高速公路、一级公路的土质路堤不宜进行冬季施工。土质路堤在路床以下1m范围内和半填半挖地段、挖填交界处不得在冬季施工。

（3）施工方应根据施工期及进度安排综合考虑，对确实需要进行冬季施工的项目，施工方必须考虑本合同段的实际情况，来制订冬季施工技术方案，并上报监理工程师审批后方可进行施工。

（4）冬季停工前，应在已经成型的石灰土上覆盖一层一定厚度的素保护层，保护层的压实度应不低于85%。

8.3.2　路基基底处理

（1）冻结前应完成表层清理，挖好台阶，并应采取保温措施防止冻结。

（2）填筑前应将基底范围内的积雪和冰块清理干净。

（3）对需要换填土地段或坑洼处，需补土的基底应选用适宜的填料回填，并及时进行整平压实。

（4）基底处理后应立即采取保温措施防止冻结。换填材料应采用防冻性、透水性好的材料。

8.3.3　填方路堤施工

（1）路基冬季施工时，路堤填料应选用不易冻结的砂类土、碎石、卵石土、石渣等透水性好的材料，不得用含水率过大的黏性土。

（2）填筑路堤，应按横断面全宽平填，每层松铺厚度应比正常施工减少20%～30%，且松铺厚度不得超过30cm。当天填土应及时完成碾压。

（3）中途停止填筑时，应整平填层和边坡并进行覆盖防冻（覆盖宜采用松土或草垫），恢复施工前应将表层冰雪清除，并补充压实。

（4）当填筑高程距路床底面1m时，碾压密实后应停止填筑，在顶面覆盖防冻保湿层，待冬季过后整理复压，再分层填至设计高程。

（5）冬季过后必须对填方路堤进行补充压实，压实度应达到设计要求。

8.3.4　挖方路基施工

（1）挖方土质边坡不得一次挖到设计线，应预留一定厚度的覆盖层，到正常施工季节后再整修至设计坡面。冻土开挖主要采用机械法施工。

（2）路基挖至路床顶面以上1m时，完成临时排水沟后，应停止开挖，并在表面铺松土保温，待冬季过后正常施工时，将其挖除。

9 路基整修

9.1 一般规定

(1)路基交工验收前,按照质量标准全面检测路基现状,对检测发现的外观质量和局部缺陷进行整修和处理。

(2)路基工程已完工,上、下路基的施工便道已挖除,施工单位应编制路基整修计划和方案,报总监理工程师审批,在批复后方可实施路基整修工作。

(3)对路基顶面表层的整修,应根据质量缺陷的具体情况采取合理的工艺、方案进行。防护与支挡工程应仔细检查石料风化情况、泄水孔是否通畅、结构物是否有变形位移等,如有质量缺陷应立即进行处理。

(4)路基工程验收时,路床顶面弯沉代表值不得大于设计值。对于填石、砂砾路基弯沉值不得大于100(单位0.01mm)。可采用承载板试验验证路基设计回弹模量。

(5)对路堤边坡的冲刷、路堑边坡的滑塌等病害的处理,应先挖成台阶,再按路基施工要求分层夯实。

(6)应对临时工程和设施进行合理处置,使之与地形及自然环境协调。

(7)路基工程施工中所产生的建筑垃圾清除完毕。

9.2 路堤整修

9.2.1 施工工序(图9-1)

9.2.2 施工要点

(1)应用机械刮土或补土的方法整修成型(附图C-2)。石质路基表面应用石屑嵌缝紧密、平整,不得有坑槽和松石,不得薄层贴补。

(2)整修坡脚时需将超宽路基采用机械粗刷,人工刷坡到位。

(3)各种水沟的纵坡、断面尺寸应按设计图纸要求进行检查,采用人工进行整修使沟底平整,排水通畅,边沟修整应挂线进行,不得随意用土贴补边沟缺损部位。

(4)通道、涵洞洞内清理及涵洞进出水口施工完善、排水顺畅。另外,应检查路基排水设施,及时清除排水设施中的淤积物、杂草等。

(5)测量放样,洒白灰标示出路堤两侧超填宽度,路堤顶面纵横向坡面高程采用“埋点法”控制。当边坡填土不足或受雨水冲刷而形成坍塌缺口和冲沟时,应自下而上将边坡挖成台阶,分层填补、夯实,再按设计坡面刷坡。

(6)路基表层松散的或半埋的尺寸大于100mm的石块,应从路基表面层移走,并按规定填平压实。

(7)路基修整完毕后,堆弃在路基范围内的施工垃圾应予清除。

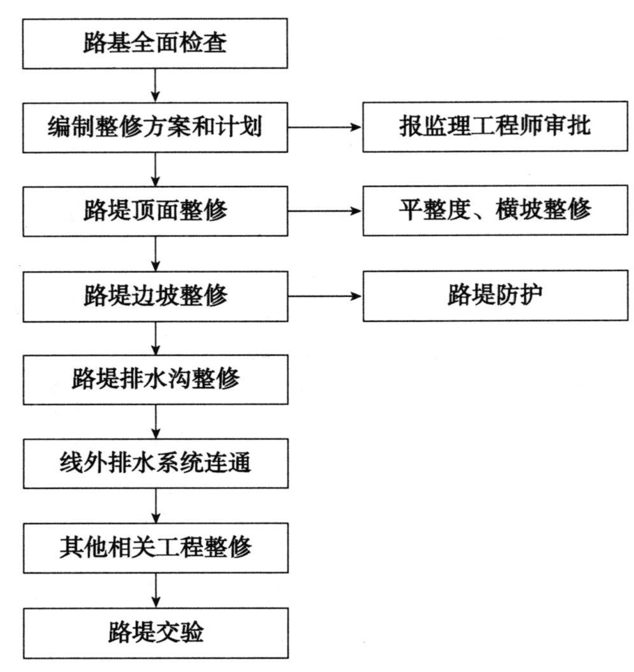

图9-1　路堤整修施工流程

9.3　路堑整修

9.3.1　施工工序(图9-2)

9.3.2　施工要点

(1)路堑边坡整修应按设计要求的坡度,自上而下进行刷坡,不得覆土贴补。

(2)在整修需加固的坡面时,应预留加固位置。当边坡受雨水冲刷形成小冲沟时,应将原边坡挖成台阶,分层填补、夯实。如填补的厚度很小(10~20cm)或非边坡加固地段时,可用种植土填补。

(3)水沟的纵坡、断面尺寸按设计图纸要求进行检查并应满足设计要求,人工进行整修,不得随意用土填补沟面缺损部位。

(4)路堑边沟施工完成后,应对碎落台进行填土整平,按设计要求进行绿化。

(5)测量放样。对于土质或软石边坡可用人工或机械清刷,对于坚石和次坚石,可使用炮眼法、裸露药包法爆破清刷边坡,清除边坡上的危石、松石。

(6)土质路基表面高程超出设计部分应用推土机或平地机刮除,石质路床顶面高程超出设计部分应用人工凿平,不得有坑槽或松石。超挖部分应按照与原路基相同的材料回填并碾压密实稳固。

(7)修整的路基表层厚150mm以内,松散的或半埋的尺寸大于100mm的石块,应从路基表面层移走,并按规定填平压实。

(8)路基修整完毕后,堆弃路基范围内的废土料应予清除。

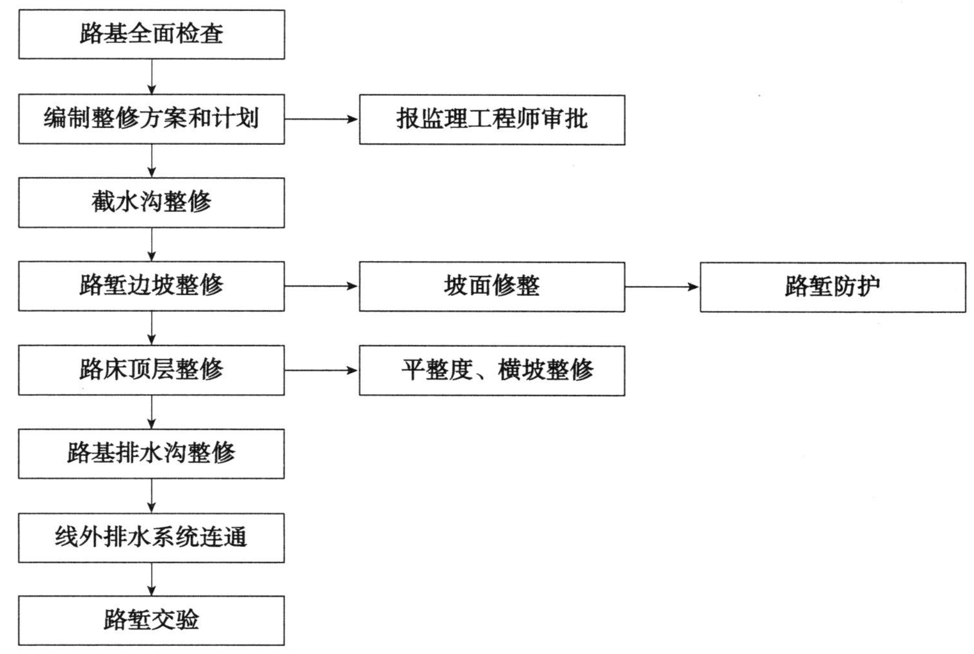

图9-2 路堑整修施工工序流程

9.4 路基交工与检测

(1)路基工程完工后,经建设单位和监理工程师检测合格,向质量监督机构提出中间交工质量检测申请,对路基工程进行交工检测。

(2)路基交工须在路基施工方自检合格、监理单位复核无误及质监部门抽检合格后进行,并由路基和路面施工单位、监理单位、建设单位四方代表参加签字确认。

(3)施工方所移交路基段落内的路槽、边坡防护、桥涵、隧道、绿化以及附属工程均应全部完成。移交过程如发现问题,应按规范和设计要求处理到位。

(4)对路基土建工程的核验必须按照现行《公路工程质量检验评定标准　第一册　土建工程》(JTG F80/1—2004)所规定的检测项目、方法、频率和设计要求进行,其中对主线渐变段、弯桥、互通区匝道等特殊路段的外形尺寸和高程、台背回填质量、路基路面排水系统的衔接、伸缩缝预埋钢筋及搭板、过渡段等进行重点检查。

(5)在高速公路建设项目路基工程交工质量检测工作中,发现存在《高速公路项目交工检测质量不符合项清单》所列任一情况的,项目工程质量监督单位对相应合同段的交工质量检测意见不得为合格。

①非软土路基的沉降最大处超过50mm,或沉降30mm以上的长度累计超过合同段路基长度的5%。

②边坡单处塌方长度超过 10m，或多处塌方累计长度超过合同段边坡长度的 5%。

③路基构造物单处损坏（挡土墙、坡面防护、排水设施等断裂或严重沉陷、坍塌）长度超过 10m，或多处损坏累计长度超过合同段同类工程长度的 5%。

（6）每个建设项目路基中间交工集中检测次数原则上不得超过两次，其余零星段落（预制场、桥头及其他特殊路段）应一次合并进行。

10 路基重点工程监测与观测

10.1 一般规定

(1)软土路基、高填路堤、高边坡、滑坡、预应力锚固工程等特殊工程必须进行施工过程和工后沉降动态监测工作,工后监测时间不少于2年或至工程稳定。

(2)监测资料应定期进行收集整理、汇总分析,上报施工、监理、设计、建设单位备案,以配合动态设计、动态施工方案指导施工。在雨季、冬季不利季节应加大检测频率,发现问题及时处理。

(3)软基沉降观测和路堑高边坡、高路堤及预应力锚固工程等现场专项检测,检测机构应在检测前编制详细的检测方案。由项目建设单位组织设计、施工、监理及质量监督等单位的代表和有关专家对检测方案进行论证,并经设计单位认可、监理单位审查批准。批准后的检测方案、检测计划等有关资料应在检测前及时报送主管质监机构。

(4)路基监测过程中基准点应设置在稳定、不易变形的位置,对路基监测埋植的观测点应标记清楚、通视良好、管护到位;必要时观测点的保护涵盖缺陷责任期。

(5)预应力锚固工程张拉锁定应根据设计和规范要求进行一定比例的锚孔预应力值监测,并应定期上报建设单位等相关单位备案。

(6)路基监测应选择专业队伍负责。

10.2 软土路基

10.2.1 监测项目与仪器

监测项目、仪器名称、作用见表10-1。

监测项目与仪器　　表10-1

监测项目	仪表名称	目的与用途
地表沉降观测	地表型沉降计 (沉降盘)	用于沉降管理。根据测定数据调整填土速率;预测沉降趋势,确定等载预压卸载时间;提供施工期间沉降土方量的计算依据
地表水平位移及隆起量	地表水平位移计 (位移边桩)	用于稳定管理。检测地表水平位移及隆起情况,以确保路堤施工的安全与稳定
地下土体分层水平位移量	地下水平位移计 (测斜管)	用于稳定管理与研究,掌握分层位移量,推定土体剪切破坏的位置

10.2.2　观测点设置

观测点的位置、数量及埋设按设计或合同文件要求布设。

10.2.3　监测频率

一般填筑一层应观测一次。如果两次填筑时间较长时,至少应 3d 观测一次。路基填筑完等预压期间一般每半月或每月观察一次,直至等载预压期结束。当路基稳定出现异常情况而可能失稳时,应立即停止加载并采取措施,待路基恢复稳定后,方可继续填筑。

10.2.4　路堤填筑速率检测要求

(1)填筑时间不小于地基抗震强度增长需要的固结时间。

(2)路堤中心沉降量每昼夜不得大于设计值,边桩位移量每昼夜不得大于 5mm。

10.2.5　卸载时间确定

推算的工后沉降量小于设计容许值,连续 3 个月观测的沉降量单月不超过 5mm,方可卸载开挖路槽并开始路面铺筑。

10.3　路堑高边坡

10.3.1　监测项目及仪器(表 10-2)

路堑高边坡监测项目与仪器　　表 10-2

监测项目	监测仪器	目的与用途
地表沉降量	全站仪、光电测距仪、水准仪	观测地表位移、变形发展情况
	标桩、直尺或裂缝计	观测裂缝发展情况
地下位移监测	测斜仪	探测稳定地层的地下岩体位移,证实和确定正在发生位移的构造特征,确定潜在滑动面深度,判断主滑动面,定量分析评价边滑坡的稳定状况,评判边滑坡加固工程效果
地下水位监测	人工测量	观测地下水位变化与降雨关系,评判边坡排水措施的有效性
支挡结构变形、应力	测斜仪、分层沉降仪、压力盒、钢筋应力计	支挡构筑物变形观测,构筑物与岩体间接触压力观测

10.3.2　观测点设置

按设计或合同文件要求布设监测点的位置、数量。

10.3.3　监测频率

一般要求施工期间至少每 3d 监测一次,雨季应加密。施工结束后前 3 个月,每周监测一次,雨季期间加密;3 个月以后每月监测一次。

10.4 高路堤

10.4.1 监测项目与仪器(表 10-3)

高路堤监测项目与仪器 表 10-3

监测项目	仪具名称	目的与用途
地表水平位移量及隆起量	地表水平位移计 (边桩)	用于稳定监控,确保路堤施工安全和稳定
地下土体分层、水平位移	地下水平位移计 (测斜管)	用于稳定监控和研究,掌握分层位移量,推定土体剪切破坏位置
路堤沉降量	地表型沉降计 (沉降板或桩)	用于工后沉降监控,预测工后沉降趋势,确定路面施工时间

10.4.2 观测点设置

观测点的位置、数量及埋设按设计或合同文件要求确定。

10.4.3 监测频率及要求

监测过程中,如出现异常情况,应立即进行检查、处理。一般要求施工期间至少每 3d 监测一次,雨季加密。施工结束后前 3 个月,每周监测一次,雨季期间加密;3 个月后每月监测一次。每次监测均应按规定格式做好记录,并及时整理、汇总分析监测结果,将其作为工程验收的资料归档。

10.5 预应力锚固工程

10.5.1 监测项目与内容(表 10-4)

预应力锚固工程监测 表 10-4

工作阶段	位置	监测内容	监测项目
施工阶段	锚杆体	锚杆工作状态及锚杆施工质量	锚杆张拉力;锚杆伸长值;预应力损失
	锚固对象	加固效果	锚固体的位移及变化
运营阶段	锚杆体	锚杆的工作状态	预应力值变化
	锚固对象	锚固工程安全状况	锚固体的位移及变化

10.5.2 观测点设置

按设计或合同文件要求埋设观测点的位置、数量。

10.5.3　监测频率

一般情况下,锚杆张拉锁定后第一个月内每日监测一次;2~3 个月内每周监测一次;4~6 个月内每月监测 3 次;7 个月至 1 年内每月监测两次;1 年以后每月监测一次。在监测过程中,如出现异常情况,应立即进行检查,处理完毕后,方能继续监测。监测成果及时整理,第一年内的监测成果作为工程验收的资料。

10.5.4　坡体位移监测

监测方法一般可分为简易观测法和专业仪器监测法。一般的高边坡可采用简易观测法;对于重点复杂的路堑高边坡或滑坡病害,应采用专业仪器监测法。坡体深部位移监测期限一般为一年以上,其监测周期为每月一次,雨季或坡体变形较大等特殊情况应加密监测,坡体变形不稳定时应延长监测期限,直至坡体稳定、变形终止或在安全的限值范围内。

10.5.5　深部位移监测

(1)监测方法。采用测斜仪监测滑坡体深部位移。监测频率:至少 1 次/月,施工期及雨季至少 1 次/旬,必要时加密监测。监测仪器:测斜仪、高精度测斜管。

(2)监测点布置。在滑坡体范围内,根据实际滑动面的情况布设监测斜孔,其中在主滑方向布设 3 个点,形成沿主滑方向的监测线。孔位按设计要求布置。

(3)钻孔前需根据监测孔的位置和现场情况,将场地大致平整以便钻机安装和移位,整平场地符合要求后,即可测量布置孔位。

(4)采用工程钻探机进行钻孔,每 10m 多钻深 0.5m,并以此类推,斜管应伸入稳定基岩下 1.5~2.0m。

(5)钻到预定位置后,需把泵接至清水里并向下灌清水,直至泥浆水变成清水为止,再提钻后立即安装。

(6)测斜管需要逐根地连接到设计的长度,安装到位后,调正方向后才能回填。

10.6　地下水位

10.6.1　监测方法

采用水位计和孔隙水压力计监测地下水。

10.6.2　监测仪器与频率

监测仪器:水位计、振弦式孔隙水压力计。

监测频率:1 次/月,施工期及雨季 1 次/旬,必要时加密监测。

10.6.3　监测点布置

在滑坡体不同部位,布设地下水位监测孔和孔隙水压力检测孔。通过监测滑坡内地下水位、水压力、水温等参数的动态变化,掌握滑坡体含水率等动态变化,分析地下水与大气降雨的关系,结合抗滑桩监测、滑坡位移监测,分析滑坡体的稳定性。

10.6.4 钻孔方法

将场地大致平整以便钻机安装和移位。开钻前先检验钻头直径,钻孔过程中不得采用泥浆固壁。

10.6.5 孔隙水压力计安装

最底部孔隙水压力计埋设高程应高于孔底50cm,埋设时先向孔内注入约30cm深的中粗砂,用尼龙绳或铅丝等将孔隙水压力计测头徐徐放入孔内,至测点预定高程,向孔内注入约40cm中粗砂。向孔内注入泥球封孔,并用测绳不断测量孔内泥球表面深度。当泥球封孔至第二支仪器埋设高程以下50cm时,按上述方法埋设第二支孔隙水压力计。按相同方法以此埋设第三支孔隙水压力计。

10.6.6 抗滑桩

抗滑桩的监测项目有桩顶位移监测、土压力监测、钢筋内力监测、混凝土应变监测及锚索荷载监测。选择有代表性的抗滑桩进行监测,通过监测能全面反映滑坡体的整体变形特性。抗滑桩监测项目监测频率,见表10-5。

抗滑桩监测项目监测频率表　　表10-5

监测项目	仪器埋设后的时段	埋设初期监测频率	施工期监测频率
钢筋应力	24h内 5~15d 15d~1个月 1个月之后	3次/d 1次/d 1次/周 1次/月	1次/旬
混凝土应变	24h内 5~15d 15d~1个月 1个月之后	3次/d 1次/d 1次/周 1次/月	1次/旬
土应力	24h内 5~15d 15d~1个月 1个月之后	3次/d 1次/d 1次/周 1次/月	1次/旬
锚索应力	24h内 5~15d 15d~1个月 1个月之后	3次/d 1次/d 1次/周 1次/月	1次/旬

11　取、弃土场

11.1　一般规定

(1)在设计阶段,设计单位在对施工图的初步设计上,严格按照土石方平衡利用原则,尽量减少或避免取土、弃土数量。

(2)施工方进场后,应首先对设计取、弃土场进行调查,并在对沿线地形地貌全面考察的基础上,进行多方案比选。

(3)取土场、弃土场的选址和规模,应与原地形及自然环境相协调,并进行深入论证,保障稳定。取、弃土场的设置位置应考虑对景观的影响,注意避让沿线风景区游人的可视范围,也应在司乘人员的视线范围以外。

(4)靠近公路占地界,在路基基底表面以下开挖的取土场,必须距离公路界至少10m以外,并经建设单位审批。

(5)按因地制宜原则,视地形条件就近消化弃土。弃土场宜选在山沟、凹地内,尽量少占或不占耕地、林地、禁止占用基本农田。

(6)弃土场不得设置在河流管理范围内,严禁直接将弃渣倒入河流范围。路基上游、村庄上游、桥下等严禁设置弃土场,不宜在上游汇水面积过大的沟、谷内设置弃土场。

(7)弃土场不宜占用沟渠,当必须占用时,应对沟渠进行改道,并设置防冲刷设施。

(8)弃土应堆放规则。不得随意倾倒,按设计要求进行整平、分层碾压,并待沉降稳定后,及时进行排水、防护和绿化施工,防止次生灾害。

(9)取土场的土源应进行相关试验,符合填料要求。

(10)荒山、荒坡作为取土场时,应做整体规划,制订详细施工方案,按照用量科学取土,禁止滥挖。结束后结合当地造田和地方使用,形成轮廓美观、整齐的外形,便于复垦、绿化、防护。

(11)路线两侧的取土场,应按设计规定的位置设置,取土深度根据用土量和取土面积确定。取土场应有规则的形状及平整的底部,不积水,便于复耕或绿化,边坡应按设计坡率修整。

(12)弃土场应按耕地要求进行整修,达到耕种条件的弃土场作为新造田地移交当地政府。

11.2　取土场

(1)依据设计文件对取土场进行现场核查,核查土质是否符合要求、储存数量是否满足需求,对取土方案以及防护、排水工程进行完善、优化。

(2)取土时应注意环境保护,取土后的裸露面应按设计采取土地整治或防护措施。风景区或有特殊要求的施工地段,应按设计要求及时完成环保工程。

(3)取土场开挖前应预留足够宽的便道,便于自卸车取土运输;另外,应设置截水沟,防止地表水流入取土坑,取土坑内应设好排水沟和集水沟,使取土坑内地表水能顺利抽干或排干。

(4)取土场原地面属于耕地种植土的,应先挖出集中堆放,工程完工后恢复植被。

(5)取土场应尽量利用荒山、山地,兼顾农田、水利建设和环境保护,力求少占耕地。

(6)当设计未规定取土场位置或储土量不足需另寻土源集中取土时,土质应符合路基填筑要求,应综合考虑利用荒山、山地的可能性,兼顾农田、水利、鱼池等建设,力求少占用农田。

(7)取土结束后,取土位置应有规则的形状及平整的底部,边坡应按设计要求的坡率修整。

11.3 弃土场

(1)弃方为土时应与造地相结合,弃方为石质时应与覆土、复耕相结合。

(2)弃土场应符合设计要求并及时完成防护工程。

(3)弃土场的位置与高度应保证路堑边坡、山体和自身的稳定,不得影响附近建筑物、农田、水利、河道、交通和环境等。必要时应加设挡护和排水措施。

(4)弃土堆不得设置在路堑顶上方。

(5)弃土场表面应覆盖不少于设计厚度的土,以便恢复植被。

(6)弃土场的选择应符合下列要求:

①弃土场应优先在邻近的取土坑或低洼地,并应尽量避免靠近村庄、厂矿、公路、铁路等。

②严禁在岩溶漏斗、暗河口、泥石流沟上游及贴近桥墩,台处弃土、弃渣,并避免设在冲刷严重的地段。

③沿河岸或傍山路堑的弃土,不得弃入河道、挤压桥孔或涵管口、改变水流方向和加剧对河岸的冲刷,必要时应设置挡护设施。

④严禁向江、河、湖泊、水库、沟渠弃土、弃渣。

⑤弃土堆应与路堑顶部保持足够的安全距离,确保路堑边坡的稳定。

(7)在地形条件允许的条件下,弃土应与高填方路段的路基填筑同步进行,为高填路段整体稳定性、行车安全提供保证,并能减少防护工程数量。另外,弃土填筑所形成部分可以设置成观景台或停车港湾。

(8)弃土场弃土前应做好地质勘察、支挡防护等,防止发生滑坡、泥石流等次生灾害。

(9)边坡开挖的土不得随意乱弃,应及时用于路基回填或运往弃土场。

附录 A

关于西部沙漠戈壁与草原地区高速公路建设执行技术标准的若干意见

交公路发〔2011〕400 号

新疆、内蒙古、甘肃、宁夏、青海等省(区)交通运输厅,新疆生产建设兵团交通局:

为贯彻落实《中共中央国务院关于深入实施西部大开发战略的若干意见》和交通运输部《深入实施西部大开发战略公路水路交通运输发展规划纲要(2011—2020)》的部署要求,促进西部地区高速公路又好又快发展,现就高速公路通过沙漠、戈壁和草原地区执行《公路工程技术标准》问题提出如下意见,请遵照执行:

一、适度超前,科学确定建设标准

沙漠、戈壁和草原等地区具有地形简单、人烟稀少、经济欠发达、交通流量小、横向干扰少等特点,应依据项目所在地区经济社会、综合运输体系发展的需求及国家和区域公路网规划、公路功能等综合因素,按照适度超前的原则,科学论证确定技术等级和建设规模。

二、因地制宜,合理运用技术指标

沙漠、戈壁和草原地区的高速公路,应因地制宜,根据项目所在地的实际建设、运行条件和沿线群众生产、生活的具体要求,合理选用技术指标。

(一)利用现有一级、二级公路改扩建为高速公路的建设工程,应按照“安全、节约”的原则进行总体设计,尽量利用既有工程,降低工程造价,并应符合以下要求:

1.在进行运行安全性评价、完善交通安全设施等措施、保证安全的前提下,可充分利用既有公路平纵面线形,但对于影响运行安全的主要指标,应当严格按照现行公路工程行业标准的规定确定。

2.采用分离式断面型式的高速公路,当利用现有二级公路改建为一幅时,其路面等级、设计洪水频率可维持原有标准不变;对于新建的一幅应按现行公路工程行业标准的有关规定执行。

3.当利用现有一级公路改建为高速公路,其原有路基宽度不小于新建路基宽度 0.5 米,或现有二级公路改建为分离式高速公路的一幅,其路基宽度不小于新建路基宽度 0.25 米,且均不小于公路工程技术标准规定最小值时,可维持现有路基宽度不变,直接利用。为保障运行安全,在对这些路段进行安全性评价的基础上,须设置完善的标志标线、港湾式应急停车带等安全设施。

4.利用现有桥梁时应进行检测评估,其极限承载能力(含加固后)应满足现行标准相应汽车荷载等级的要求。对于重车少的高速公路,原按汽车-20 级或公路-Ⅱ级荷载标准建设的桥梁,经检测其技术状况良好的,可直接使用,但应提出针对性的运营管理和维护养护措施。

(二)对于长直线路段,应设置必要的限速、警告、振荡标线等交通安全设施,以提高车辆行驶的安全性。

（三）有条件的地段，宜采用宽中央分隔带、低路堤、缓边坡和宽浅边沟等型式，提高行车安全性，更好地与沿线自然环境相协调。

（四）高速公路主线不得设置平面交叉。对于交通量较小的交叉，可采用建设规模小的互通式立交型式（如简易菱形等），但应采取增设警告、限速等交通标志，设置强制减速、交通渠化等措施，给驾驶人员提前提供足够的交通安全信息，保证行车安全。

（五）对于通行收割机等大型机械或大型车辆的通道，应根据当地的交通组成特征和大型机械、车辆的需求及降雨排水特点，合理确定通道位置、净空尺寸、高程和引线纵坡，既要满足沿线群众生产生活需要，又要节省工程投资。

三、经济适用，灵活选择建设方案

（一）高速公路宜选择新建方案，如经论证确需利用既有公路改建，应同时恢复或建设辅道，保证沿线群众日常生产、生活需要。

（二）采用分离式路基的高速公路，可采取横向分幅、分期修建的建设方案。分期修建应按照总体规划、一次设计、分期实施的原则，统筹安排好路基、构造物、互通式立交和交通安全设施的分期建设方案，使前期工程在后期能得到充分利用。此外，路面的分期修建方案，可根据当地实际和交通流特点，综合研究确定。

（三）对于交通量较小，供水、供电困难的路段，其服务区间距可适当加大，但要相应增大服务区的用地面积和建筑面积，且相邻服务区之间应合理设置停车区。此外，监控、通讯等设施可根据当前需要设置。

四、加强管理，保障运行安全

（一）加强服务区间距较大路段的日常巡逻，配备适当的救援力量，采取有效措施，保证应急服务的需要。

（二）采用分幅修建的项目，前期通车的一幅应按双车道对向行驶公路进行管理，最高时速不应超过 80km/h。

（三）加强对横向分期修建公路的路侧管理，除预留的互通式立交位置处外，其他路段不得设置平面交叉。

（四）利用现有桥涵结构物，应加大检测和日常巡查频率，加强养护和病害处理，保证运营安全。

（五）加强对司乘人员交通安全、交通法规方面的宣传教育，有针对性地加强特殊地区驾驶环境和路况条件宣传，提高司乘人员和公路周边群众的交通安全意识，减少交通安全事故。

高速公路建设是落实国家西部大开发战略的重要手段，各有关地区交通建设主管部门在进行高速公路建设时，要真正贯彻实事求是、因地制宜的指导思想，从提高公路行业技术水平入手，切实保障高速公路的勘察、设计和施工质量，使高速公路建设符合特殊地区的实际情况，并满足这些地区交通运输发展需求，为引导生产力合理布局、促进国土均衡发展和经济社会发展提供支撑。

附录 B

路基试验段总结编写一般要求

一、试验段工程概况

根据合同文件的要求，路基在开工前要做试验段。拟开展进行试验施工段为：______高速公路__________合同段全幅路段做土方填筑试验。

二、试验段施工起讫时间

年　月　日　　　　　年　月　日

三、试验段目的

通过试验段施工优化组合、机械合理配置，确定出标准施工方法、合理的技术参数，用以指导大面积施工。具体项目如下：

1.确定合适的适用材料。

2.确定材料的松铺系数。

3.确定填料含水率的增加和控制方法。

4.确定整平和整型的合适机具和方法。

5.确定挖土、运输、整平和碾压机械的协调和配合方法。

6.确定压实度的检测方法。

7.确定每个作业段的合适长度或面积。

8.确定每次铺筑的合适厚度。

四、试验段的准备工作

1.技术准备

(1)试验段选在____________段。该路段全幅进行了清理与掘除，且填前碾压合格。

(2)试验室标准试验成果汇总表(包括填料的重型击实，CBR，液、塑限，含水率，颗粒分析等)。

(3)测量全套资料附表(路基坐标放样检查表、路基中线测量表、路基填筑前高程测量表)。

2.现场准备

(1)试验段相应人员组织安排均已到位、试验段的协调工作已做好(试验段人员配备见附表 B-1)。

(2)试验段施工机械配备已到位(具体设备见附表 B-2)。

(3)通往试验段的施工便道已修筑，人员及机械设备可直接进场作业。

(4)试验段、取土场临时排水设施已完善。

五、试验段施工过程

1.清表

清除填筑范围内的淤泥及腐殖土，压实度应满足设计及规范要求。

2.方案

填筑前碾压达到要求后,用全站仪重新进行放样,恢复路基中线及坡脚位置,并加密中桩,桩上注明桩号,标上填筑高度。

1)恢复路线中桩

首先用全站仪采用极坐标法全面恢复试验段中线,每隔10m定出一个中桩,距中心桩一定距离处(坡脚外5m)埋设高程和距离控制桩,进行施工控制。

2)边桩放样

定出中桩后,用水准仪沿着与路线方向垂直的部位,准确测量出各点的横断面高程,并放样出各点的坡脚线位置。为保证路堤边缘的压实度,每层填土铺设宽度应超出路基设计宽度50cm。

3)填料及松铺厚度

用土填筑路堤时,应控制其含水率在最佳压实含水率±2%之内。填筑路堤采用水平分层填筑法施工。即按照横断面全宽分成水平层次逐层向上填筑,填土按松铺厚度30cm控制;根据汽车拖斗容量大致计算出每堆土倒卸间距,并用石灰画出方格,派专人指挥倒车。

4)摊铺整平

按大体水平控制填土高程,作业时分层平行摊铺。用推土机摊平并初平,初平后再用压路机静压一遍,然后用平地机精平。精平好后,检查铺筑土层的松铺厚度,松铺厚度检测点应定点。

5)压实

检查松铺厚度达到30cm后,用两台压路机(25t)振动碾压。当土的实际含水率达不到设计及规范要求时,应均匀加水或将土摊开、晾干,使达到设计及规范要求后方可压实。运输上路的土在摊平后,其含水率若接近于压实最佳含水率时,应迅速压实。需要加的水在取土的前一天浇洒在取土坑内的表面,使其均匀渗透入土中,也可以将土运至路堤上后,用水车均匀、适量地浇洒在土中,并用拌和设备拌和均匀。

碾压时,先压路基两侧、后压中间,小半径曲线段由内侧向外侧,纵向进退式进行;控制压路机的行进速度,先慢后快,初压时用1挡,复压时宜用2~3挡,最大速度不超过4km/h。横向接头对振动压路机一般重叠40~50cm,对三轮压路机一般重叠后轮宽的1/2,前后相邻两区段(碾压区段之前的平整预压区段与其后的检验区段)宜纵向重叠100~150cm,应达到无漏压、无死角,确保碾压均匀。

6)检测整理

振动碾压四遍后,试验人员开始用灌沙法跟踪检测压实度,挖洞应挖至下一层层面,量测压实厚度,每碾压一遍按频率检测一次,直接达到压实标准(93%),最后再用压路机静压一遍赶光。压实度采用灌砂法检测。路基填筑碾压完毕后进行自检,检测高程、宽度、横坡、平整度、边坡坡率。检测的频率应满足技术规范及质量评定标准的规定。

整理各种试验参数:填料标准试验成果、上料时间、填料含水率、松铺厚度、碾压时间、碾压遍数、压实度,机械数量、型号及配置方式,并形成试验成果。

3.整理试验结果

施工结束后，在监理工程师的认可下，将测量资料，相关试验资料及试验段填筑时机械配备的大小、数量、类型及挖、运机械和运输力量均应按实际情况进行统计和整理，并加以总结，得出不同机械压实不同填料的最适宜的松铺厚度和相应的碾压遍数、最佳的机械配备和合理的施工组织。

六、常见质量通病及控制措施

1.路基施工高程误差的控制措施

(1)要严格控制松铺厚度。

(2)摊铺时先用推土机粗平，在用平地机精平，必要时两侧挂线，确保厚度均匀一致，及时检查纠正。

(3)按照规定的顺序和方法碾压，保证碾压的遍数。

2.填筑路基时出现橡皮土的控制措施

(1)路基基底的处理必须符合设计要求和施工规范要求。

(2)现场严格检查控制本次填土的含水率，在含水率未接近最佳含水率时，不许碾压。

(3)当出现含水率过大形成橡皮土时，要翻晒或换填含水率合适的填料，必要时掺灰处理。

3.路基试验段填筑区压实度达不到设计要求时的控制措施

(1)检查路基填料是否符合设计及有关规定的要求。

(2)检查机械是否在填料接近最佳含水率时碾压，碾压机具的组合、碾压速度、顺序及碾压遍数是否合理。

(3)路基的填料是否水平分层填筑，松铺厚度是否过厚。

4.路基表面积水的控制措施

(1)路基表面要按照雨季施工排水的要求，做成3%的双向路拱。

(2)碾压土方时，要摊平碾压密实，不应出现局部的低洼不平。

(3)组织人员检查，对路基表面出现的积水要及时排出，防止其渗入下层路基，造成大面积返工。

5.填土边坡被雨水冲刷、塌方的控制措施

(1)按照设计文件控制边坡的坡度，达到规范要求。

(2)本段路基施工的宽度每侧比原设计宽处50cm，施工是在路基两侧预留10cm高的土埂，在土埂处每隔20cm做开口，用塑料薄膜做临时泄水槽，使路基表面的积水能够有组织的排出，避免边坡受雨水的冲刷而塌方。

七、试验段质量保证措施

(1)健全质量保证体系。项目经理部以工程质检部为质量管理体制，职能部门工程队成立以项目总工为首的专职质检员、测量员、试验员组成的质量检查小组。

(2)成立以项目总工程师为首的内部质量检查组织机构，设置质量管理领导小组，建立各工序质量管理环节，控制各工序质量。

(3)施工时严格按图纸和施工规范进行施工。试验合格并得到监理工程师认可后即做正式路基填筑。

（4）严格控制填料质量及填料的含水率（根据标准试验结果控制），并选择合适的压实时间。

（5）现场测量试验时，认真、及时、真实地填写试验过程中的各类数据，以保证填方试验段成果的真实性、可靠性。

（6）认真做好技术交底，把好质量关。

（7）每道工序完成并自检合格后，上报监理工程师，由其认可签字后，方可进行下一工序施工。

八、安全保证措施

（1）设立专职安全员并建立 24h 旁站制度，及时纠正和消除施工中出现的不安全苗头。

（2）对施工人员定期进行安全教育和安全知识考核。

（3）工地设立明显的安全警示牌和安全注意事项宣传栏。

（4）各类机械设备操作人员必须持证上岗，无证人员或非本机人员不得上机操作。

九、环境保护措施

（1）在机械化施工过程中，要尽量减少噪声、废气、废水及尘埃等的污染，以保障人的健康，运转中尘埃过大时要及时洒水。

（2）清理施工机械、设备及机械的废水、废油等有害物质以及生活污水，不得直接排放与河流、池塘或其他水域中。也不得倾泻于饮用水源附近的土地上，以防污染水源和土壤。

十、附件

附表 B-1：试验段管理及施工人员配备表。

附表 B-2：试验段施工主要机械配置表。

附表 B-3：主要测量、检测仪器设备。

试验段管理及施工人员配备表　　附表 B-1

职　务	姓　名	职　责
项目经理		负责项目管理
项目总工		负责项目技术
副经理		负责项目施工
工程部长		工程技术管理
物资部长		机备材料管理
财务部长		资金专项管理
道路工程师		道路技术管理
试验检测师		试验技术管理
测量工程师		工程测量管理
路基队队长		负责现场管理
安检员		负责现场安检
挖掘机司机		

续上表

职　务	姓　名	职　责
推土机司机		
平地机司机		
压路机司机		
运输车司机		
爆破人员		
……		

试验段施工主要机械配置表　附表 B-2

序号	设 备 名 称	型　号	单位	数量	备　注
1	平地机				
2	推土机				
3	振动压路机				
4	冲击式压路机				
5	挖掘机				
6	装载机				
7	自卸式汽车				
8	洒水车				
……					

主要测量、检测仪器设备　附表 B-3

序号	仪 器 名 称	单位	数量	规格型号	检定状态	备　注
1	全站仪					
2	水准仪					
3	水准尺					
4	灌砂筒					
5	液塑限联合测定仪					
……						

附录 C

典型图样

附图 C-1　路基施工场地清理

附图 C-2　路基整修

附图 C-3　路基临时排水沟

附图 C-4　台背划线回填

附图 C-5　路堤纵向挡水埂

附图 C-6　路堤排水槽

附图 C-7　上料区画方格

附图 C-8　碾压作业

附图 C-9　主动柔性防护

附图 C-10　被动柔性防护

附图 C-11　边坡锚固基本实验

附图 C-12　袋装砂井法

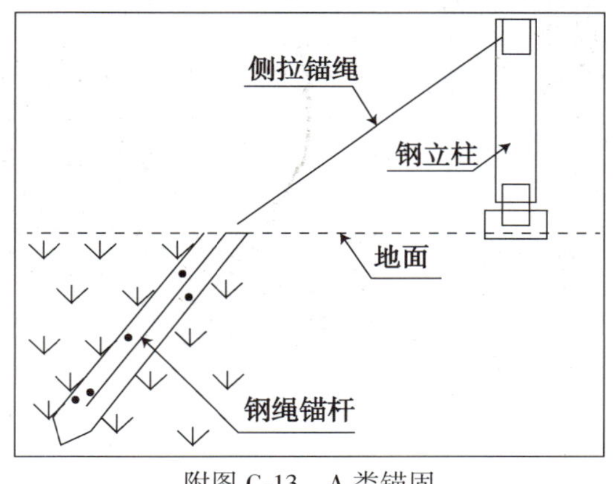

附图 C-13　A 类锚固

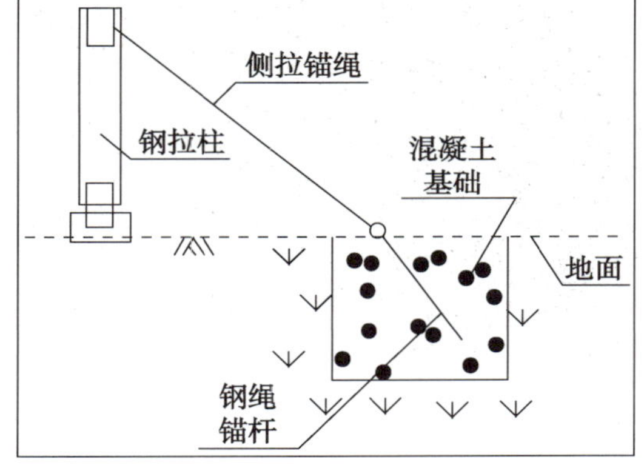

附图 C-14　B 类锚固